软装设计手册

学软装，做自己的装饰家

翼软装的珊珊姐　著

江苏凤凰科学技术出版社·南京

图书在版编目（CIP）数据

软装设计手册：学软装，做自己的装饰家 / 翼软装
的珊珊姐著. —— 南京 ：江苏凤凰科学技术出版社，
2025. 3. —— ISBN 978-7-5713-4695-9

Ⅰ. TU238.2-62

中国国家版本馆CIP数据核字第2024CL3090号

软装设计手册　学软装，做自己的装饰家

著　　　者	翼软装的珊珊姐
项 目 策 划	凤凰空间/徐　磊
责 任 编 辑	赵　研
责任设计编辑	蒋佳佳
特 约 编 辑	徐　磊

出 版 发 行	江苏凤凰科学技术出版社
出版社地址	南京市湖南路1号A楼，邮编：210009
出版社网址	http://www.pspress.cn
总 经 销	天津凤凰空间文化传媒有限公司
总经销网址	http://www.ifengspace.cn
印　　　刷	雅迪云印（天津）科技有限公司

开　　　本	710 mm×1 000 mm　1/16
印　　　张	10.5
字　　　数	150 000
版　　　次	2025年3月第1版
印　　　次	2025年3月第1次印刷

标 准 书 号	ISBN 978-7-5713-4695-9
定　　　价	68.00元

图书如有印装质量问题，可随时向销售部调换（电话：022-87893668）。

前言

亲爱的装饰家们，你们好呀！从离开母亲孕育我们的那间"温暖的小房子"开始，房子问题几乎贯穿我们的一生。租房子、买房子、换大房子，不管房子是大还是小，都承载着我们的快乐与舒适，为我们遮风挡雨。我们希望家的空间大而美观，但作为装饰新手，在装饰家的过程中，经常会遇到各种不知所措的状况。

你是否曾被出租房的"土味审美"惊吓到？你想着，房子虽然是租来的，但生活是自己的，因而出力将出租房的陈设改善，结果退房的时候，却被房东要求整改回来。

你是否在看到样板间时满心期待，收房时却不得不对着猪肝色地板、厚重的黑色窗框叹气？你不想花重金改造精装房，却不知该如何将它装扮成梦想中的家。

你是否在装修前翻阅无数家居杂志、浏览无数家居美图后壮志凌云，想要大显身手，而到了卖场或打开网店面对丰富的家具和装饰品时，却犯了"选择困难症"？你不知该如何选择，一番折腾后，面对杂乱的家不由得迷茫失神，就是不明白问题出在哪里。

甚至，此刻的你刚刚走出校园，即将成为一名设计师，但内心却隐隐地有些担忧：自己从未真正装饰过一个家，怎样成为一名出色的装饰家？

别担心，在这个产品和信息极其丰富的时代，你可以找到你想要的各种沙发、休闲椅、装饰画等，你只是缺少一些装饰家的底层逻辑和方法而已。

不管你是业主还是入门级的从业者，不管你正在装饰自己家还是为业主装饰家，翻开这本书，都可以快速得到软装陈设的设计方法。这是一本让你看得懂、理得清的家居装饰指南，可以让你从租房一直用到买房、换房，甚至你还可以用它给孩子做家居启蒙。这里有搭配的底层逻辑和步骤，也有每个空间的具体指导，可以帮助你成为专业的软装设计师。

现在，打开这本小小的软装书，跟随书中的人物，让家在你的手中变得更加舒适、美丽吧！

一位与设计相伴 20 多年的"老阿姨"——
翼软装的珊珊姐
2024 年 11 月

书中人物角色表

目录

第一章

认清自己，
再去装饰自己的家

第一节　什么是软装设计

什么是软装？什么是软装设计？它们都包含哪些内容？

有人说，将房子倒过来后所有能掉下来的就是软装。其实能掉下来的只是软装元素，并不是软装的全部。

人们常说的"我家要做软装"，其实是要做软装设计，由软装元素、软装方法和软装思维3个部分组成。那些能掉下来的软装元素，可分为8种，即家具、布艺、灯具、画品、饰品、花品、收藏品和日用品，也称为"软装八元素"；运用一些设计形式，把软装元素组织在一起的是软装方法；而做软装设计时的思考方式便是软装思维。软装设计是根据居住者的软装思维，通过各种软装方法把软装元素融入空间设计，达到让生活舒适、空间美观的目的。看到这里，你是不是有点懵？我用烹饪打个比方，大家就容易理解了。

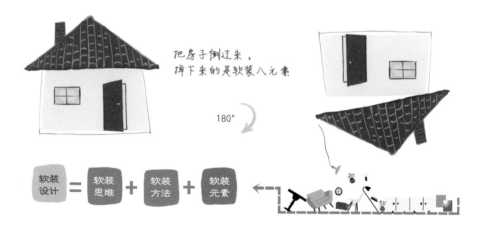

软装思维：可以理解成厨师的思考方式，炒菜前要确定吃什么，才能做相应的准备并选择烹饪方法。装饰自己的家也是一样，要先确定需要什么，再去选择相应的软装元素和软装方法。

软装元素：可以理解成烹饪要用的各种原料，即主菜、配菜、配料和调料。它们之间有很大的区别，比如辣椒炒肉片，如果没有肉片，那就是一盘炒辣椒。在软装元素中，家具是主菜和配菜，比如沙发、桌子、椅子等，就像肉片和辣椒；装饰品则是配料和调料，比如摆件、装饰画、抱枕等，就像葱、姜、蒜和盐、糖、酱油等，不放也可以吃，但是菜的味道就不一样了。

软装方法：可以理解成烹饪方法，即煎、炸、烹、煮、蒸，同种食材采用不同的烹饪方法，会获得不同口味的菜肴。比如鸡蛋带壳煮的叫水煮蛋，脱壳煮的叫水潽蛋，打开蛋壳放锅里煎熟的叫煎蛋。同样，我们运用不同的软装方法，比如均衡、对称或留白等，便会获得不同的装饰效果。

经过前面这番比喻，回过头看，软装设计就不难理解了。之所以有些人觉得软装设计像一团乱麻，只是因为还没找到正确的方法，既没有认清软装，也没有认清自己。

接下来，我们就从认清自己开始学习软装，解开这团乱麻，编织一个美好的家。

第二节　清空自己、摒弃杂念，快乐装饰家

新手在装饰家的过程中，往往有许多执念，可以总结为 8 条。下面具体介绍一下。

执念 1： 软装专业性太强。

软装设计的知识有很多，而我们只是去装饰一个角落、一个空间、一个家，有些知识根本用不到，也就不必为不需要的知识紧张焦虑了。

结论：**学一些软装设计知识，人人可以装饰家。**

执念 2： 好看的软装都贵，资金不够。

只要会搭配、能调整好比例，大部分好看的家居物品都属于基本配置，偶尔摆放一两件点睛的小配饰即可。另外，网上有很多制作装饰品、改造旧家具的教程，如果愿意自己动手，就能更加省钱。

结论：**选择方便实用而不贵的软装物品即可，还可以省点儿钱。**

执念3： 一定要有"神器"，才能让家变美。

想要搭配出一个美观的房间，需要做出一系列操作才能达到满意的效果，并不是只靠换一幅装饰画就能实现的，哪怕那幅画是大师的作品，也难以撑起整个家的颜值。因此，要经过综合的考虑与准备才能做好装饰，这不仅仅是钱的问题，更重要的是耐心与细心。

结论：装饰家需要一套"组合拳"，一件单品撑不起整个家的颜值。

执念4： "美 + 美 = 更美"。

虽说不能夸大一件单品的作用，但如果每一件装饰品都是美观的，把它们放在一起，是不是就可以打造出一个更美的家？其实未必，如果空间内的装饰品没有主次之分、彼此不协调，就会让空间显得杂乱，得到"1+1 < 2"的效果。之所以家装店里的物品放在一起显得很和谐，一是因为它们设计定位相同，二是因为它们彼此协调性很强。做软装搭配也是如此，未必要每个元素都出彩，有一两个亮点即可，其他物品可以作为衬托。

结论：不需要一群精致的物品组合，软装搭配需要的是和谐的美。

执念5： 没有计划，走到哪儿算哪儿。

想要获得理想风格的家，一定要在装饰前制定明确的目标。这个目标首先要符合房间的条件，其次要能够拆分出细节，最后若能由此列出清单更好。目标越明确、越详细，结果就越不容易走偏。接下来按照清单坚决执行即可。

结论：选定目标，坚持执行，有计划，不冲动。

执念6： 做好总预算，随意买起来。

预算是帮助我们控制成本的有效手段。很多人会确定两个数值：成本希望控制在多少，最多能接受超支多少。实际上只控制总预算是不够的。软装元素有很多，每项花费都需要合理分配。每个家的装饰需求不同，分配比例也不固定。一般来说，家具占比最大（可以达到 60% ~ 70%），灯具和布艺其次，装饰品占比最小。家具作为家居装饰中最昂贵的部分，更换频率不高，需要多花心思加以甄别。建议尽量选择经典款或基础款，后续可以通过装饰品和部分布艺的更换，达到让家焕然一新的效果。

结论：软装元素合理配比，兼顾功能与氛围。

执念7： 先装修后装饰。

很多人先找装修公司设计、绘制效果图，或找到一些目标图片让工头参考，等硬装装好了才开始逛各种家具市场。这时就会发现，效果图上的家具、装饰品很难搭配，不是尺寸不合适，就是色彩不匹配、价格有问题。但如果能在做硬装前就基本确定大家具这类大件软装元素，那结果就不一样了，因为大家具是软装设计搭配中的"定海神针"。可以以大家具为主要搜索目标，去网上寻找装修资源图片，在硬装完成后，就可以按图索骥，完成软装部分。这样不仅可以保证落地效果，还能控制预算。

结论：先用软装定基调，再用硬装打基础，落地更容易。

执念8： 追赶流行，才是时尚。

很多人对软装知识了解少，看大家都在做什么，以为跟着做准没错，其实家居装饰的风格趋势和色彩图案每年都有变化。装饰家之前，需要静下心来想一想自己到底想要什么样的空间，同时也要考虑，除了你的喜好，家人们的需求是什么。

结论：要理性借鉴流行元素，切勿盲目追随。

第三节 了解对象，正确切入

在装饰家之前，要清楚自己装饰的是一个房间还是一整套房，是毛坯房、精装房还是要改造的老房子。只有先全面了解装饰或改造的对象，才能找到合适的切入点进行装饰。

1. 住宅的情况及特性

住宅在不同的阶段会呈现出不同的特性，只有了解这些特性，才能更好地进行装饰。

新房装饰一般分为两种情况：一种是毛坯房，另一种是精装房。毛坯房就像一张白纸，在空间和经济条件允许的情况下，不论硬装还是软装，都可以装饰成我们喜欢的任何样子。精装房就像一幅画了一半的画，等待我们继续画完。

旧房装饰一般分为 3 种情况：一是局部角落，二是单个房间，三是整套房。局部角落装饰一般只对某一区域进行改造装饰，面积较小，容易达到较好的效果，比如餐边柜、沙发背景墙、茶几等。单个房间的装饰相对来说任务量小，如果是封闭式空间，比如卧室或书房，只需考虑其整体风格是否符合空间的功能及装饰需求即可；如果是相连的空间，比如客餐厅，装饰时就要考虑餐厅与客厅的空间连贯性。整套房的改造工程量一般比新房大，需要整体拆除，重新装修，就如同要把原来已有的画面全部擦除掉，重新绘画。

2. 装饰家的正确切入点

现在进入装饰的准备阶段。软装看起来十分复杂，有很多软装元素，不知道该如何入手，这时候我们就需要找到一个切入点。可以从以下几点中找到你需要什么，或者看看哪一点是你觉得容易下手的。

（1）从大家具切入

大家具是软装设计中的"定海神针"，它可确定风格、尺寸、色彩、功能，比如客厅中的大沙发、卧室中的床、餐厅里的餐桌，都是比较好的切入点。找到自己喜欢的大家具的颜色和款式后，对其他搭配的软装元素进行倒推，便可以找出适合的色彩和风格。这个切入点比较适合毛坯房、旧房单个房间或整套房改造装饰。

（2）从硬装特点切入

已经完成硬装或是购买精装房的业主，从大家具切入就不太合适了，因为空间内已有的硬装限制了软装的方向。这时候需要确定硬装的特点和风格，为其搭配合适的软装元素，保证风格统一。小的软装元素可以略微偏离原有的硬装风格，营造空间亮点。这个方法适合精装房。

（3）从特定物品切入

如果在做装饰之初，业主特别喜欢某个有纪念意义的物品，这个物品也可以作为装饰的切入点，根据它的功能、颜色和风格，在其基础上进行扩展。比如某次重要旅行带回来的一幅喜欢的画，可以把它挂在床头，再配搭与其风格相近的床和色彩协调的床上用品等。

（4）从特定主题切入

这个切入点业主自己操作起来有难度，却是很多设计师比较喜欢的，因为可以做出与众不同的风格，甚至成为独一无二的家居装饰作品。由于操作难度大，因此需要设计师有甄别、提取、演化和综合的能力。如果业主自己实在想做的话，可以在局部或单个房间进行尝试。

（5）从风格特点切入

这个切入点很多人都会使用，并在装饰前就有了特定的风格喜好。每种风格都有其对应特点的家具、色彩和元素，只要找到它们并合理地运用即可。这个切入点适合各个装修阶段、各种风格的房间，除非你想做去风格化的处理。

（6）从色彩印象切入

如今去风格化的流行风潮出现，没有了风格的共性，一般以色彩作为整个空间的共性进行处理。追求某个特定的色彩印象，比如莫兰迪风、奶油风、马卡龙风等。

第四节　认清需求，做好清单

在装饰家的过程中，如果能认清需求并做好清单，可以让我们在整个装饰过程中都保持清醒的头脑。

1. 寻找资料参考，量尺筛选，认清需求

装饰家不只是单纯地要让家好看，还需要让家方便实用。一个软装新手，刚开始常常要根据参考图来"依葫芦画瓢"，才能慢慢掌握设计方法。寻找资源的过程一般有两个阶段：一是参考期，二是量尺筛选期。

参考期：这一阶段就像在海边撒网，先把让你眼前一亮的资料（图片、视频等）收集起来，一段时间后，你会感觉自己的思路打开了，于是你进入如下两种状态：要么有一点点明确自己到底想要什么了；要么发现自己什么都想要，思维更加混乱。

量尺筛选期：接下来要测量房子的现实情况、弄清对功能的需求等，这些步骤非常关键。面对前面找到的资源，你可以从正反两方面评价每张图，每个空间找到比较满意的 3 张参考图。千万不要选得过多，不然很容易混乱。还要注意保证所有开敞的连通空间要有联系，比如客餐厅之间的联系，这些联系可以是风格相同、颜色相近、材质相似等。

2. 列出清单，拼贴图片，下定决心

找到参考图后，接下来要做的就是仔细地为每个空间列个清单，保证这些软装元素从功能上来说都是你需要的。但是清单只能明确功能需求，还要明确美观需求才行，这样，之前筛选出的图片就有用武之地了。你可以从中把喜欢的软装元素裁剪拼贴在一起，验证它们之间的契合度，合适的留下，不合适的删掉。拼贴图可以参考下图操作：

软装清单	
名称	数量
沙发	1组(3人位)
休闲椅	1把
茶几	1个
角几	1个
吊灯	1盏
落地灯	1盏
抱枕	若干
挂画	1组(3联)
植物	1株
装饰摆件	若干

清单、拼贴图在手，装饰无忧

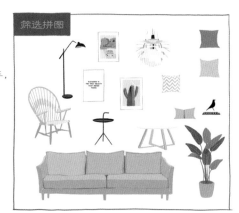

清单和拼贴图准备妥当，就可以到家居卖场和网络店铺挑选所需的物品了。千万要坚定信念，不要被各种打折优惠和看起来让人心动的物品打乱计划。

小贴士

如果你是个喜欢家中氛围时常变换的人，可以利用布艺和装饰画搭配出多种方案，这样就可以随时为家带来新鲜感。也可以把每个有门的空间做成自己喜欢的样子，关门后不会影响整体效果。

第五节　学会审丑，规避错误

我的老师曾经说："审美是一个漫长而又没有捷径的征途。把自己浸泡在美中，眼光慢慢地就能提高，搭配效果也会变好。"既然审美没有捷径可走，我们不妨换个思路，反其道而行——学会审丑。下面来了解一下几种装饰家时容易出现的错误审美，以便规避。

1. 比例不搭

比例问题是软装搭配中较常出现的问题，是我们被错误的视觉感受误导所引起的，会导致装饰后的比例不和谐。经常出现的一种情况是，量好尺寸后购买家具，进场后却觉得不舒服。这和展示家具的方式不同有关，家具卖场中经常是三面围合、一面全开，要么就索性将家具直接放在一面背景墙前，三面都是空的。而我们自己的房间很多时候是四面围合或部分敞开，因此感受就不一样了。

通常情况下，别太相信你自己的眼睛，要带把尺子多测量、多核对，相信实际数据。最好经常和专业设计师沟通，说明自家的房屋情况并寻找一些与你家尺寸相同的案例。本书第四章会介绍一些常用尺寸作为参考，也可以翻到本书最后的附录，那里有可以参考的尺寸和规范。

2. 色彩不搭

色彩不搭的问题也是比较常见的，而且是比较难改的。如果只是一个单纯的小色块，其实没有什么好与不好，只有当色彩附着在物体上，这场色彩的"游戏"才真正开始。

选色是出现色彩不搭问题的"主犯"。当所选颜色违反正常的认知、空间的定位和自己的喜好时，就会出现错误。比如物体上的图案、颜色违反了我们对自然或事物发展的认知，我们就会觉得它不好看。同样，如果这个颜色出现在它不应该出现的空间，或者违背了业主的需求和定位，也是不适宜的。比如下页图中布置了一个以红色为主色和一个壁纸花纹特别活泼的工作间，然后要求你在里面平心静气地阅读，这估计对谁来说都是一种"考验"。这就是色彩感受违背空间定位和需求的结果，这里的选色就有了问题。

如果说选色是"主犯"，那么配色就是出现色彩不搭问题的"帮凶"。有些家居空间虽然颜色很多，但看上去十分和谐，而有的空间一看就觉得乱，这就是由配色导致的结果。一些特别的配色如红配绿、黄配蓝，往往能以较快的速度吸引眼球，成为视觉中心。但如果长时间处于其中，你会觉得心绪不宁，这是因为这样的配色冲突大，搭配起来不协调。既然色彩多了会乱、冲突大了会不协调，那就索性让配色统一。虽然配色统一会造成单调的问题，但改造起来相对简单一些。

3. 风格不搭

很多空间容易出现风格不搭的问题，具体来说，比如软装元素和家的硬装风格不搭，或者软装元素之间的风格不搭等。

针对前者，解决办法是在购买软装元素时看好标签。门店里的商品一般会有关于风格的标签，如果是在网上购买产品，可以直接搜索风格关键词，或者通过咨询客服来了解产品的风格。针对后者，解决办法是在选购时注意它们之间的关系。有时候选对了风格，但购买不同品牌或同一品牌下不同系列的产品，也会有所不同。

也许你会迷惑："就不能混搭风格或不选任何风格吗？"混搭在软装中属于很高的段位，需要有较高的审美眼光和把控全局的能力，新手最好不要用这种方法。如果确实想要混搭风格，比较好的方法是保证 80% ~ 90% 的软装元素（特别是一些大家具、大装饰品）保持一种风格，剩下 10% ~ 20% 的小装饰品、摆件可以选择其他风格。最近几年比较流行去风格化装饰，不再拘泥于某种特定的风格，但仍然会有一个总体基调，所有软装元素的选配都要基于这个基调，还是有些难度的。

第二章

专项软装的
选择与搭配方法

翻开这本软装书的你，也许并不想大张旗鼓地重新装饰一个家，而仅仅是厌倦了家中陈旧的沙发、空空的墙面，想换个新沙发、再挂上几幅画就好；或者只是想更换一下新窗帘，再买两盆绿植，让家里多点春意。这确实是很好的出发点，对于新手来说，先搞定局部才是正确的开始。

本章将带你选择合适的家具和装饰品，教你摆放方法，把控软装搭配的每个细节，最终装饰出丰富而有层次的家。

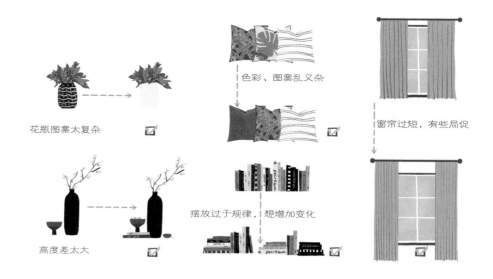

第一节 软装元素美学法则

美有标准吗？从审美者的角度来说可能没有，但从美的创造者的角度来说是有的。著名画家列奥纳多·达·芬奇在他创作的《维特鲁威人》中，画出了完美比例的男性，用的就是著名的黄金分割比例。达·芬奇还说过："美感主要体现在比例关系上。"可见，美虽无定论，却有共识，比例就是共识之一。在进入软装专项选配前，先普及一些居室美学法则，帮助大家在装饰家的道路上少走弯路。

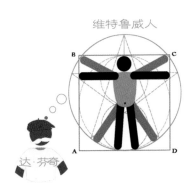

维特鲁威人

达·芬奇

1. 对称与平衡

对称是较为基础的美学法则，运用关键在于保持左右一致，比较适合正式、传统、古典的空间，但往往给人过于规矩、缺少变通的感觉。那么，追求放松、自由、随意的你可以尝试一下平衡法则。简单来说，平衡就像在天平的左边放一个物体，然后在右边放上等重的物体。这个等重来自物品的体积、形状和色彩的总和，而非两边一模一样。不用担心做不好，用你的双眼去观察，人体自带的平衡感会告诉你什么时候达到了平衡。

正式
传统 ← 对称 平衡 → 自由
放松

2. 焦点与留白

焦点和留白是居室环境中第二对美学组合法则。当你进入一个空间时，若被某处吸引，那么这处便是焦点，是重点装饰的地方。焦点可以是房间中的任何地方，通常是非常显眼的，比如景色极好的落地窗、摆放精致的茶几或者进门迎面就能看到的装饰美观的墙面等。但同一个空间中的焦点不能太多，否则会显得杂乱，这时就需要留白。

不要误解留白，它不等于让一面白色的墙空在那里不做装饰，而是指和环境保持一致后不做任何添加。如果空间中每面墙都做满装饰，处处都是焦点，也就相当于没有了焦点，并且会让视线无法休息和停顿，视觉上会感到不适。在装饰家的过程中，留白十分重要，因此不要急着在入住前将空间全部装满，可以入住后陆续添加物品，让房间慢慢成长为我们喜欢的样子。

3. 重复与节奏

重点表达与次要表达相互穿插，才能产生节奏感，焦点和留白就可以看作是空间的一种节奏。这种节奏的表达方式还有很多，比如重复就可以看作是一种相同的节奏。同种物品、色彩、形状等反复出现，可以给人安全感和秩序感。比如，同样的图案在沙发抱枕和窗帘上同时出现，就比图案完全不同的家居空间看起来更有秩序感。但同样的事物出现多了会缺少变化感，这时候可以加点变奏，有规律或无规律地进行改变。比如一排摆在台面上的小摆件，每隔一个改变色彩，这种改变会带来规律的节奏感；若突然改变某个摆件的体积和色彩，就会产生突然变化的趣味感。通常来说，同节奏的重复和变奏的律动在装饰家时都是需要的。

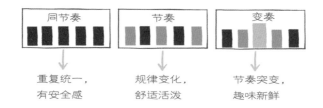

4. 尺度与比例

尺度指的是物品的尺寸，比如长、宽、高；比例指的是一个总体中各个部分所占的比重，用于反映总体的构成或结构。在家居中，软装元素各自的长、宽、高要符合使用需求，其与房间、软装元素之间的比例关系要适当。

在家居空间中，可以使用各种人体工程学的尺度，比例方面，除了前面提到的黄金分割比例，还有其他比例可供参考。借助尺度和比例，可以找到适合空间的家具。比如，一把尺度、比例合适的椅子，不仅坐着舒适，其外观也很美观，与其他软装元素及整体空间都能和谐相处，这便是一把适合这个空间的好椅子。借助尺度和比例，还可以推导出适合空间的风格。由于一些特定风格（如美式风格、欧式风格、传统中式风格、新中式风格等）的家具往往体量偏大，如果房间比较小就会不合适，因此可以选择家具体量不那么大的北欧风格、现代风格等。

我没变，却有时看起来小、有时看起来大

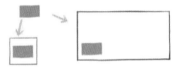

尺度与比例

5. 奇数法则与万能的"3"

比起上面几个成双成对出现的法则，最后一个法则比较有趣，它独自出现，却很万能——它就是构图的奇数原则。它不仅是家居界，还是整个艺术界常用的法则。比起看到偶数后大脑自动分组以追求平衡来说，奇数可以让画面中的主体更加突出。需要注意的是，在家居软装的范畴中，特别是选配摆件或其他装饰品时，"1"的数量太少，"3"和"5"都是不错的选择，其中"3"是更好的选择。而一旦数量超过了"5"，奇数法则就会失效，整体会显得拥挤、杂乱。一般来说，不知道该选什么数量的时候，"3"往往是不会出错的。

万能的"3"

数量少了无法突出主角，
数量多了不好找到主角

第二节　家具的选择与搭配方法

　　家具是空间中的主角，特别是大家具在空间中会起到"定海神针"的作用，用来定色彩、定风格、定造价。但你不仅要考虑单个家具是否好看，还要考虑家具与家具之间以及家具与家之间的关系是否和谐。在实际生活中，往往一个房间有很多家具，关于它们叫什么名字、起什么作用，第四章会有详细说明。这里先介绍一下选搭的方法，主要有两种：一是配套搭配，二是混合搭配。两者各有利弊，也各有技巧。

1. 配套搭配

　　配套搭配，指的是同品牌、同系列产品的搭配。同一品牌的家具设计理念相同、材料相通，而且设计师会根据不同的场景需求设计不同的大小，因此这样的家具搭配在一起十分和谐，不容易出错。但这样搭配有一个缺点，就是有时会显得过于统一，不过可以通过后期添加布艺、小装饰品、灯具等软装元素来增加变化。在预算和空间尺度允许的前提下，自然是同品牌（以及同系列）的成套家具搭配效果比较好，只需考虑其与空间色彩、风格的匹配度，不用过多顾虑家具之间的关系。

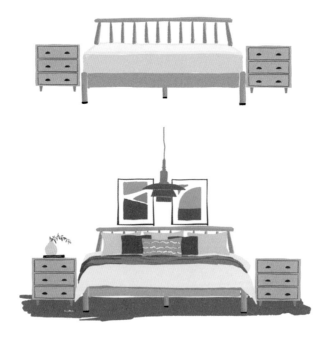

2. 混合搭配

　　如果不满足于成套搭配带来的统一感，或者预算、空间尺度不够时，可以选择混合搭配（简称"混搭"），也就是将不同品牌甚至不同风格的家具，按照功能需求搭配在一起。相比于配套搭配，混搭有一定难度，需要了解每款家具的特性并驾驭它们的风格，才能做好融合。作为软装新手，怎么才能把控这么难的事情呢？那就需要找到窍门。这里教你两个混搭方法：基础款混搭法和找相似性混搭法。这两个方法可以单独使用，也可以结合起来使用。

（1）基础款混搭法

　　新手做混搭可以从基础款混搭法入手。就像服装中的白衬衫，通过搭配各种配饰来打造不同的感觉。

白衬衫

白衬衫+背心+休闲裤

白衬衫+草帽+短裤

白衬衫+针织衫+牛仔裤

　　选择适合房间风格的基础款大家具比较容易，比如床、沙发、餐桌等，色彩可以选择黑色、白色、灰色等中性色，为后面的搭配提供发挥空间。即使后面选择造型复杂、色彩跳脱的辅助家具或其他软装元素，也会比较容易搭配。比如下面这张基础款浅灰色沙发，通过软装搭配，达到了和搭配白衬衫同样的效果。但如果选择个性强烈的大家具，后面的混搭就会比较困难。

基础款浅灰色沙发
为其他搭配提供发挥空间

基础款浅灰色沙发 + 棕色系软装饰品
营造出温暖休闲的感觉

基础款浅灰色沙发＋黄绿色系装饰品＋　　　　基础款浅灰色沙发＋黑白色系装饰画、抱枕等

浅木色孔雀椅＋黑色茶几、灯具　　　　　　　装饰品＋黑色休闲椅、灯具

营造出轻松活泼的感觉　　　　　　　　　　　营造出理性冷静的感觉

（2）找相似性混搭法

每个人都是独特的个体，其独特性体现在体貌特征、声音、性格和喜好等方面；每件家具也是独特的个体，其独特性体现在色彩、造型、材质、风格、细节等方面。要把不同的因素融合在一起，就要给它们一个明确的目标，即找到它们之间的相似性。格式塔心理学（又叫"完形心理学"）的相似定律告诉我们，人类倾向于把具有相似视觉外观的物品归为一组，这个相似可以是色彩、造型、材质、形状等各种方面。下面就来试试练习一下寻找家具的相似性，看是不是像玩"连连看"一样简单。

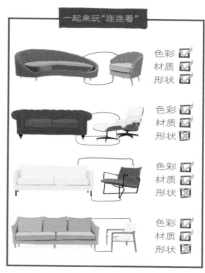

找相似性混搭法

最后透露一个混搭的小秘密，就是一定要处理好家具的脚。还记得上学时大家都穿着校服的场合吗？从上面看过去，每个人都着装整齐，再往下一看，鞋子各式各样，有黑色的、白色的、灰色的，还有彩色的。如果不处理好家具的脚，也会出现这种视觉杂乱的情况。虽然家具的脚的位置比较低，不容易被看见，但也要给予足够的重视。

同一空间或相邻空间，家具的脚尽量不要有太多的造型和色彩。虽然这只是细节，但很多时候细节决定成败。看到这里，也许你觉得，购买没有脚的家具不就好了？其实有脚的家具也有优点：一是底部空，显得空间大；二是可以自由地使用扫地机器人。因此，购买有脚还是没有脚的家具，要进行综合考虑。

3. 家具选搭示范

接下来，我们用卧室中的床与床头柜验证上述两种混搭方法。先选择一款现代、简洁、灰色的基础款床，然后为它搭配一款床头柜。别小看了床头柜，它与床搭配，可以起到收纳、围挡以及定位的作用。床头柜的种类有很多，大致可分为常规款和非常规款，其中常规款床头柜有 4 种，即展示式床头柜、抽屉式床头柜、展抽一体式床头柜和矮柜式床头柜。

展示式床头柜： 展示性能佳。

抽屉式床头柜： 收纳功能强。

展抽一体式床头柜： 兼具展示、收纳双重功能。

矮柜式床头柜： 收纳力度比较大，但要考虑使用场景，并且要注意开门方向。

除了常规款床头柜，还可以采用非常规款床头柜做平行替代品，比如写字台、小边几、高矮凳子、梯子、木墩子等，只要合适，都能拿来使用。一般使用非常规款床头柜的原因有两个：一是追求个性；二是空间不足或过大，不适合放常规款床头柜。

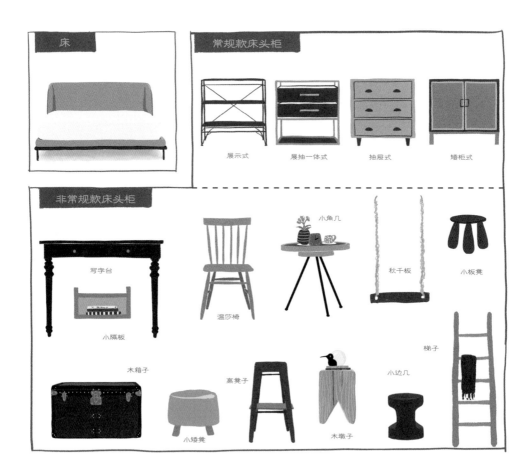

（1）搭配一：基础款混搭法

　　床头柜是卧室软装中的辅助家具，掀不起大风浪。我们在这里做个大胆的选择，允许来点儿跳出常规的特色，选择一个小木墩来充当床头柜。

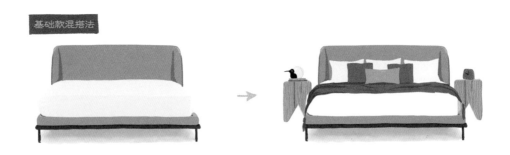

（2）搭配二：找相似性混搭法

有的人虽然不喜欢墨守成规的搭配，但也无法接受任性的选择，那么就可以尝试找相似性混搭法。还是那张床，深情地凝望它，总结它的特征：灰色、皮质、黑色金属腿，以及床背板有微微内卷的弧形，形成一个小小的翼背。有了这些特点，你就可以通过找相似性混搭法来找到适合与其搭配的床头柜了。下图中，序号5的抽屉款是不是很合适？它是皮质的，有弧度和黑色金属拉手，有这3个相似点，它们放在一起就会很和谐。

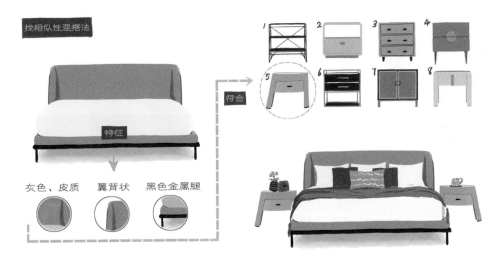

第三节　灯具的选择与搭配方法

人类从最初的摸黑过夜到点燃篝火，从使用油灯到使用电灯，灯光将人类从天黑睡觉的模式中解脱出来，延长了活动的时间。在对美与功能的无限追求下，通过科技与艺术的力量，人类不断改进照明技术，制造出各种灯具：吊灯、吸顶灯、台灯、落地灯……怎样找到适合自己家的灯具呢？在选择前，你要知道它们是什么，以及自己需要什么。

这世界上有那么多的灯，总有几款适合我们！

1. 灯具的种类和功能

市面上灯具的种类有很多。一些灯具需要在硬装阶段安装，比如内置或外置的射灯、筒灯、灯带和轨道射灯等；还有一些灯具作为软装元素，只需要在硬装阶段留好电路或电源插头，后期挂进来或摆进来即可，比如吊灯、台灯和落地灯等。

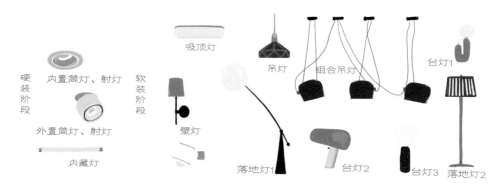

有人可能有疑问："房间里放个吸顶灯不就亮了吗？为什么还需要台灯、落地灯、小夜灯这些杂七杂八的灯呢？"原因有两点，一是好用，二是好看。从好用来说，室内照明是由3个层次构成的，即整体照明、任务照明和氛围照明，灯具在空间中的作用不同，所处的层次也不同。但并不是每个房间都需要完整的3个层次的照明，而是要根据个人需求进行组合配置。从好看来说，生活中很多人选灯的标准往往是好看多过好用。高颜值的灯具不但打开时有照明功能，而且关闭后也是家中必不可缺的装饰品。从顶面到地面，不同位置的灯具可以在不同的高度起到装饰家的作用。

2. 灯具的基本属性

既然知道了好看和好用是家中选灯的两个标准，在选灯时就要学会去看灯具的基本属性，即灯具的形象和灯泡的基本属性。

（1）灯具的形象

在设计灯具前，设计师都会预先设定好使用场景，再根据场景需求和条件选择相应的造型、材质和照明方式，这些设计会让灯具在外观上各不相同。我们可以将一盏灯看作一个人，材质、色彩是外貌，灯罩、灯体是体型，照明方式（分为直接照明、漫射照明和间接照明）是谈吐方式——直接照明言谈率真，漫射照明性情温柔，间接照明则表述含蓄。

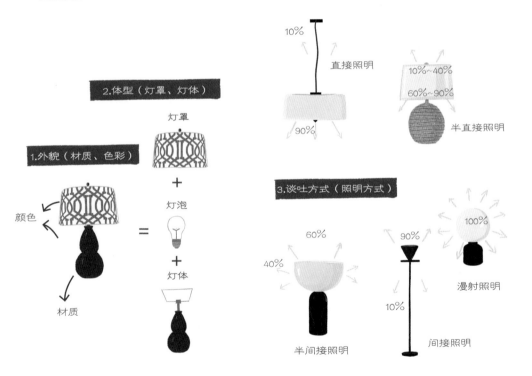

（2）灯泡的基本属性

灯泡的基本属性有 3 个：光通量、色温、显色性。

光通量：代表一盏灯能发出多少光，光通量越大，空间越亮。用符号 Φ 表示，单位是流明（lm）。

色温：是我们对光的颜色的直观视觉感受，色温不同，光会呈现出不同的颜色。用 T_c 表示，单位是开尔文（K）。

显色性：指光照射在物体上所呈现的颜色特性，不同的显色性决定了物品在灯光下显示颜色的鲜艳程度。用 R_a 表示。一般要适合室内使用，需要 R_a 大于 80。

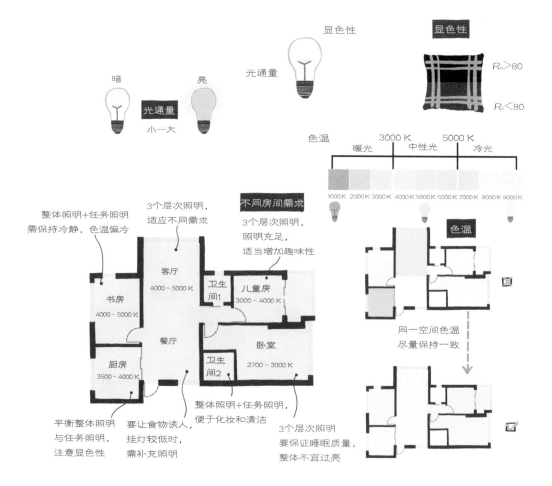

3. 灯具的选配方法

了解完灯具的属性后，我们就可以选一盏既好看又能满足照明需求的灯具了。但单独选一盏好灯是不够的，灯具在空间中不是独立的个体，还要与其他物品搭配好才行。同时，灯具由于位置特殊，不容忽视，因此是除家具外第一需要好好思量搭配的软装元素。

我们可以通过厘清灯具与灯具之间、灯具与房间之间的关系，来做好灯具的搭配。要知道，任何一件软装元素都不是凭空而来的，都需要经过理性推导而得出。

（1）配一盏灯

配一盏灯时，最简单的做法就是选择与居室统一的风格，想要有变化，可以从色彩、材质、造型等方面入手来进行搭配。一般来说，从色彩进行搭配有3种方法：一是锦衣夜行法，找到空间的基础色，搭配同色的灯具，使其融入环境；二是呼朋唤友法，找到软装主体色、辅助色或点缀色，选择其中一个颜色；三是特立反叛法，使用软装主体色的对立色，使其与环境产生对抗。

以沙发旁边边几上的台灯为例，做一下色彩搭配。台灯可以从灯体、灯罩两方面与空间产生色彩关系，然后用上面介绍的3种方法，便可以选出不同色彩感觉的灯具了。

1.锦衣夜行法　　　　　　　2.呼朋唤友法　　　　　　　3.特立反叛法

找到空间基础色，　　　　找到空间软装色，　　　　找到空间软装色，
直接使用，使其藏入环境　直接使用，与其呼应　　　使用对比色，与之对抗

（2）配一组灯

配一组灯时，从主灯下手搭配是最简单的方法，也就是主灯先行、辅灯跟随。主灯的作用有点像大家具，可以锚定风格、色彩与氛围。主灯确定后，可以选择与其配套的辅灯，这种方法不易出错，并且效果最统一，非常适合新手；也可以从色彩、材质、造型等方面与主灯或空间其他软装元素来呼应，进行混搭，这样效果既活泼，又有变化。

需要注意的是，没有规定哪种灯一定是主灯、哪种灯一定是辅灯，这可以根据家中的情况来决定。一般来说，主灯往往是位置最显眼、外形最大或者你想让人注意的灯具，比如顶灯（吊灯、吸顶灯等），而在无主灯照明中，台灯、落地灯等可以参照主灯的搭配方法来搭配。辅灯则是个头偏小、不负责整体照明、位置不那么重要的各种壁灯、台灯、氛围灯等。

4. 灯具的搭配示范

以右图卧室为例，略有翼背的棕色皮床搭配黑色金属底框，呈现出简洁的现代风格。主灯是一款黑色金属构件配圆形灯泡的枝形吊灯，在色彩和材质上与床呼应。为了添加一些趣味性，选用两种床头灯作为辅灯：一边是漫射照明的小吊灯，与主灯虽然不是同款，但在色彩和形状上具有共同点，看起来很协调；另一边是便

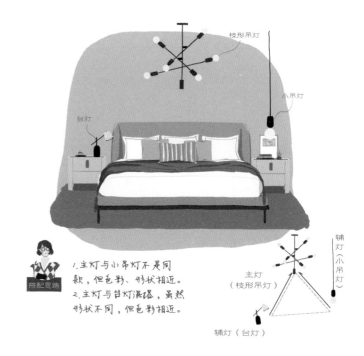

于聚光阅读的台灯，与主灯造型不同，但在色彩上可以呼应。这种混搭的灯具虽然彼此均不相同，但在色彩、造型、材质上总有呼应之处，因此总体效果较为和谐。

第四节　装饰画的选择与搭配方法

　　装饰画是软装设计师最爱用的软装元素之一,对居室起着画龙点睛的作用。就像口红,不管化不化妆,只要涂上去,就能让气色变好。但口红颜色有很多,要挑选适合自己的才好,因为别人用得好的色号,对你来说未必适用,所以不能流行什么买什么。装饰画也是一样,不仅要了解种类有哪些,还要了解怎么选、怎么挂、怎么搭配,掌握了这些技巧,才能达到最佳效果。

说好的"万人迷"呢?

1. 装饰画的种类与优缺点

　　装饰画一般可以分为 4 类,各有其特点。这里根据特点,分别给不同的装饰画起了名号:"快时尚"印刷画、"耐力王"手工画、"材料家"综合画和"小能手"万物画。

4 类装饰画

印刷画	手工画	综合画	万物画
我是"快时尚"。	我是"耐力王"。	我是"材料家"。	我是"小能手"。
优点:内容广,价格低	优点:质感好,保存长	优点:媒介广,有个性	优点:万物皆可装裱
缺点:无笔触,易雷同	缺点:价格差别大	缺点:保养要求略高	缺点:做工不稳定

印刷画：优点是内容形式较广，不管是图案、摄影作品、插画还是涂鸦，只要能印刷就行；价格不高，能满足现代人对家居饰品"换了不心疼"的需求。缺点是立体感较弱，有时候还会和其他人家用的装饰画雷同，而且经过长时间强烈日晒后容易褪色。不过也不用担心，可能在它还没坏之前，你已经厌倦它了。

手工画：包括水彩、水粉和油画等。优点是可以呈现笔触的质感，画面生动、独一无二，而且能长久保存。缺点是价格略贵。画作的价格一般与其大小、难度和绘画者的身份有关。普通画家的作品，价格大部分家庭都可以接受，但名家的作品就会贵一些。

综合画：一种新兴且独特的表现形式。优点是有个性、造型立体，不拘泥于形式，使用材料丰富，甚至可以使用钉子、羽毛、纸张、麻绳等。缺点是保养要求略高。

万物画：优点是内容随意、形式多样。比如各类杂志上好看的图片、没用完的壁纸、手工彩纸、干花、贝壳等，所有美好的事物都可以装入画框，不但可以常换常新，而且独一无二，很有意义。缺点是做工不稳定。

装饰画种类众多，但不能随意购买，要有清晰的目标。购买前，最好再加深一下对选画和挂画的认知。选画，要了解画的特性、定位和筛选方法；挂画，要了解挂画的形式、高度和注意点。选挂结合，才能让装饰画起到画龙点睛的作用。

2. 装饰画的选配方法

装饰画是用来装饰家的，因此要先对家有个正确的定位与认识。思考一下这样几个问题：你希望通过装饰画给家带来什么样的感觉，是轻松休闲，还是活跃灵动？家里现在在哪个装修阶段？有哪些软装元素？家里人的喜好是什么？装饰画是用来装饰哪个空间的？……想好这些以后，再来考虑装饰画的特性和定位是否符合需求，然后像用筛子筛米一样，通过一些关键词来筛选出合适的装饰画。

（1）装饰画的特性

除了无框画，装饰画的基本构造是画芯加画框。画芯的内容有很多，例如时尚明快的几何图案、优美典雅的静物花卉，以及植物、动物、风景等。画框有很多种材质，比如金属、木材等；还有很多不同的尺寸、形状和款式，比如古典奢华的宽边金属雕花款、简洁干练的细边黑框款等。总之，就像人有不同的个性，画芯和画框也有不同的"个性"。

画框

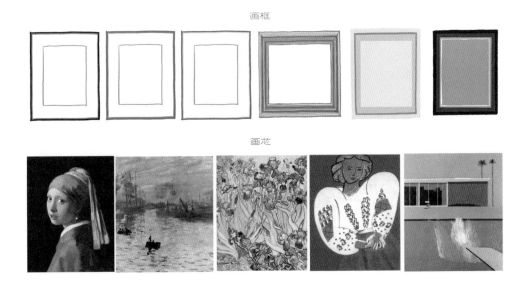

画芯

　　先来看一个例子。荷兰后印象派画家凡·高的《普罗旺斯农庄》，配上雕花画框，气质古典优雅，放在美式风格和法式风格的空间中，效果都不错。如果家中是北欧风格，也想挂这幅画，可以吗？当然可以。一幅画适不适合放在某个特定的空间里，并不只是由画芯决定的，还要考虑画框的作用。之所以大家会觉得凡·高的画不太适合北欧风格的空间，是因为印象中很多油画在美术馆里都是配着金色大边框出现的。调整一下，将复杂的画框改成简洁的单色木纹框或黑边框，画芯也从油画版改成印刷版，就没有了印象中的古典感，而是变得很清新。

（2）选好装饰画的"筛子"

　　要找到适合自己家的装饰画，最好的方法就是找一个"筛子"，即限定一些关键词来进行筛选。关键词可以任意设置，比如想要装饰画表达的主题、情感，或者呼应的色彩、彰显的品位等。但切忌贪心，限定词不要选得太多，否则会导致"筛子"的网眼过密，除非定制，不然什么都筛不出来。

　　对新手来说，只需使用一个简单的"筛子"即可，也就是让关键词表现某个主题或呼应空间色彩。表现主题更容易搭出独一无二的家，但需要在搭配之初就确定想法，后续的风格、色彩、家具等都要围绕主题进行搭配，选画也是水到渠成。这种方法也可以在还没有布置布艺及小装饰品的时候使用，这样各元素之间彼此能够呼应，主题也不显孤单。而呼应空间色彩在哪个阶段都可以进行，从一堆装饰画中选出色彩与家中其他元素呼应的画芯和画框即可。这个方法的受众面大，效果也好。

（3）选好装饰画的定位

　　你也许曾有这样的疑惑：有些家居美图上的装饰画和空间很不协调，这是为什么呢？其实关键之处就在于装饰画的定位不同，出场顺序也不同。在常规装饰画选搭逻辑中，家是主角，装饰画是配角，要配合家中各种家具、协调各种软装。而当装饰画拥有了艺术品的身份时，它的地位提高了，成了主角，其他软装元素反而要配合它，同时它也跳出了常规搭配逻辑的制约，甚至与其相悖。也就是说，此时的装饰画选搭逻辑变成了"艺术至上"，只是单纯地展示艺术品，不考虑其他问题。

3. 装饰画的挂法

选好了画，要正确地挂上去，才算完成整个步骤。不要听信"一挂就对"的说法，也不要迷信只有经过专业学习才能挂对。下面是学生作业中几个常见的错误，这些学生虽然有"三大构成（平面构成、色彩构成、立体构成）"的知识基础，但在挂画时依然会像没有任何设计知识的人一样出错。一般经过针对性的学习后，挂画就基本没有问题了。只要掌握挂画的 3 个注意点和 6 种常见形式，相信你也可以挂好自家的"画廊墙"。

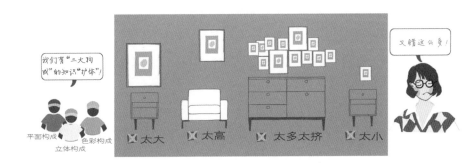

（1）挂画的 3 个注意点

挂画的 3 个注意点即挂画的高度、装饰画与周围环境的关系，以及装饰画与被装饰物的比例关系（装饰画的大小及总长都要显得协调）。

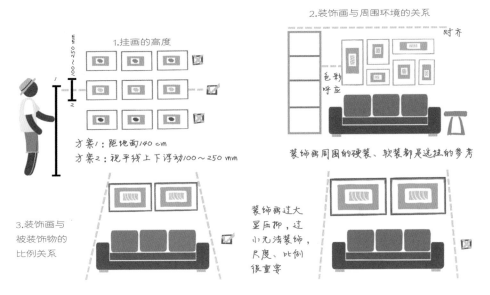

（2）挂画的6种常见形式

知道了注意点，我们就可以根据墙面的大小、特点、周围的软装环境，以及你的喜好来选择不同的装饰画挂法了。

独立挂法：单幅竖版或横版装饰画，适合任何一块独立墙面，比如玄关背景墙、走廊背景墙等。

对称挂法或均衡挂法：挂2～3幅装饰画时最常用的挂法，可以通过变换画芯让统一中出现变化。适合各种背景墙，比如沙发背景墙、床头背景墙、餐厅背景墙等。

重复挂法：当装饰画超过4幅且尺寸相同时可以使用，但要注意画与画之间的间距不要过大。这种方法不但挂出来有艺术感，而且让人印象深刻。适合任何独立墙面，或者家具比较低矮但又想做成焦点的墙面，比如玄关背景墙、走廊背景墙等。

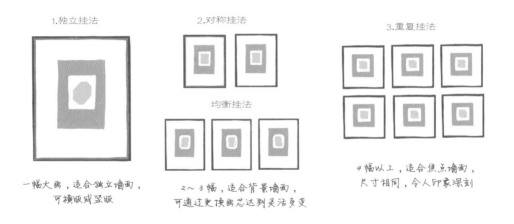

1.独立挂法

一幅大画，适合独立墙面，可横版或竖版

2.对称挂法

均衡挂法

2～3幅，适合背景墙面，可通过更换画芯达到灵活多变

3.重复挂法

4幅以上，适合焦点墙面，尺寸相同，令人印象深刻

当画的数量多且尺寸不同时，常用水平线挂法、方框线挂法、放射线挂法。

水平线挂法：以一条水平线作为基线，向上或向下悬挂装饰画。这种挂法节奏感强，又有秩序感，适用于有个性需求且下面有低矮家具的空间，比如沙发背景墙、床头背景墙等。如果想要经常更换画的内容，可以固定隔板的位置，只更换画芯即可。

方框线挂法：无论怎样挂，只要保持外围形成一个虚拟的方框即可。这种挂法灵活而不失秩序感，适用于家具比较低矮或者无家具的墙面，比如餐边柜背景墙、沙发背景墙等。

放射线挂法：在中心区域展示一幅大型装饰画，其他装饰画像以恒星为中心的行星一样在周围呈放射状布置。这种挂法体现出一种活力感，适用场景和方框线挂法相同。

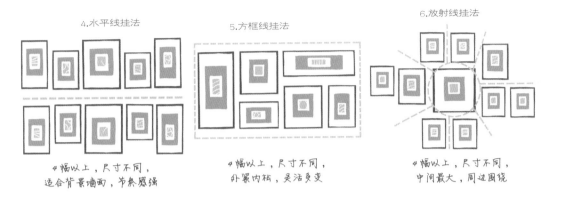

4.水平线挂法

4幅以上，尺寸不同，
适合背景墙画，节奏感强

5.方框线挂法

4幅以上，尺寸不同，
外紧内松，灵活多变

6.放射线挂法

4幅以上，尺寸不同，
中间最大，周边围绕

（3）挂画"升级版"——画廊墙式挂画

家居博主喜爱的艺术范儿十足的画廊墙，大多是在重复挂法、方框线挂法和放射线挂法的基础上衍生出来的。由于画的数量特别多，挂法更加灵活，因此在挂画过程中常会遇到各式各样的问题。下面教给大家3个"避坑"的方法，可解决多、杂、乱、挤、歪等问题，学习后即可对挂画进行搭配、选购。

在挂画之前，将墙面想象成一块画布，可以借助电脑绘图软件，将各装饰画按比例拼贴；或直接裁剪出与装饰画大小相同的纸，贴到墙面上感受尺寸。

画廊墙的"预演"

贴纸法可以很好地感受挂完画的效果

"避坑"一：**画多而杂。**这是画廊墙式挂画最常见的问题，画的数量一多，短时间内无法找到秩序，就会觉得杂乱。具体来说，画框种类多、画面色彩多、画的内容多、画与其他软装元素关系混乱等，这些问题哪怕单独出现都会制造混乱，组合出现就会乱上加乱。解决方法就是建立秩序感，比如统一画框的材质、色彩，为画芯选择统一的主题和相近的色彩等。需要注意的是，装饰画与硬装及其他软装要有呼应。稳妥起见，可以在手机上把喜欢的装饰画拼图组合，预览一下效果。

"避坑"二：**背景太乱。**未经考虑，便将有图案的墙面或镜面墙用作画廊墙，这样会加大选画的难度。解决方法是，将墙面处理为白墙或只有单一材质、色彩的墙面。

"避坑"三：**挂画挤又歪。**有些人为了把喜欢的装饰画都挂上去，便将它们紧紧地挤在一起，不留一点缝隙。在常规挂法中，画之间的距离一般是 1/5 的画框宽度；而在画廊墙上，每幅画的画框尺寸可能都不一样，只要画之间的距离保持横向、纵向都相同即可。另外，装饰画的数量多，挂的时候容易歪歪扭扭，此时只要注意观察周围环境，找到参考线（如门、窗、墙面固定家具等）来保持对齐或平行，就可以避免这一问题。

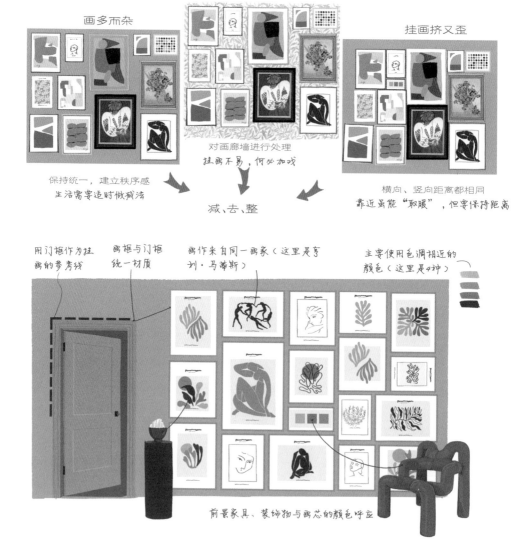

画多而杂

背景太乱

挂画挤又歪

对画廊墙进行处理
挂画不易，何必加戏

保持统一，建立秩序感
生活需要适时做减法

减、去、整

横向、竖向距离都相同
靠近虽能"取暖"，但要保持距离

用门框作为挂画的参考线

画框与门框统一材质

画作来自同一画家（这里是亨利·马蒂斯）

主要使用色调相近的颜色（这里是4种）

前景家具、装饰物与画芯的颜色呼应

4. 装饰画的选配示范

　　讲完了装饰画的选法和挂法，接下来是实践环节。下图是一个入户玄关，正对大门的是一面完整的墙，前面摆着一个低矮的木质换鞋凳，根据喜好选择一株植物、两个抱枕和一条披毯。此时可以大胆选择物品，不用担心搭配问题，因为后期可以通过装饰画进行协调。现在要在墙面上挂画，前面讲到的方法都可以使用，这里选择了一幅独立的大型装饰画。由于其他软装物品已经确定，装饰画的画框和内容就比较容易选择。

搭配思路

第一步：选搭想要的装饰品

提取色彩　　第二步：推导出色彩　　色彩依据　　第四步：筛选装饰画

第三步：选择挂画方式　　　独立挂法　　　形式依据

第五节　装饰摆件的选择与搭配方法

　　一些装饰性的小摆件不仅可以增添生活气息，而且作为空间中的小色块，可以起到点睛的作用。但如何选择和摆放这些小摆件，是让很多人头痛的问题。

　　其实在选搭装饰摆件（简称"摆件"）时，只需把握3个词——"喜欢、有用、协调"即可。在选购前，首先要考虑这个摆件你是否喜欢。其次要考虑把摆件放到家里是否有用，也就是除了好看，它是否还有其他功能，比如首饰盒可以用来收纳、花瓶可以点缀色彩等。最后要考虑摆件的尺寸是否协调。下面就从摆件的种类、摆法和典型位置的陈设实例来进行详细阐述。

1. 摆件的种类

　　从广义上讲，所有可以摆放且装饰室内空间的物品都是摆件，比如令人赏心悦目的装饰画，造型、图案美观的台灯、落地灯，颜值高的智能家电等。从狭义上讲，摆件就是家居装饰品，其范围很广，可以是玩具、工艺品、纪念品、艺术品等，材质则有玻璃、木材、树脂等。它们有的只具有装饰性，有的则功能性和装饰性并重。

2. 摆件的 9 种选搭摆法

常用的家居装饰品除了少数会挂在墙上，大部分都是在平面上摆放的。可以摆放的地方非常多，例如玄关柜、电视柜、茶几等。如果只放一个摆件，只需考虑它和周围其他软装元素之间的关系，按需调整即可，比如颜色、构图平衡等；若是多个摆件放在一起，则需要考虑它们之间的关系，比如谁是焦点，彼此的高度、宽度、色彩是否协调，要横向摆放还是纵向摆放，以及上下关系等。下面介绍摆件的 9 种摆法，相信总有一款适合你。

（1）天平摆法

在同一水平面上摆放摆件，是家中电视柜、玄关柜等处常用的方法，相当于美学法则中的"平衡法则"，适用于较长的水平面。可以把这些承载摆件的水平面理解为一个天平，在左边摆放某种摆件，若不想左右对称，可以在右边摆放视觉上与左边重量相当的其他摆件。比如，左边放一个体积小但质量大的摆件，右边就可以放一个体积大但质量小的摆件，或者多个体积小且质量小的摆件。如果是多组陈设，可以使用后面介绍的其他摆法。

（2）中心摆法

适用于较短小的水平面，或者除陈设功能外还有其他实际功能的台面，比如角几、床头柜、餐桌、茶几等。具体做法是，将摆件集中摆放在水平面上，并且找到一个中心进行聚焦。放在中心位置的摆件一般要选尺寸较高的，周围的配角是其他形状各异的摆件。中心摆法常常和其他摆法搭配使用，比如后面要讲的错落摆法。

（3）错落摆法

当摆件成组出现时，需要考虑它们彼此之间的关系。错落摆法首先应用于摆件的选购，除了故意重复，选购的摆件一般高度和体积要各不相同，放在一起才能体现错落感。其次应用于摆件的摆放，如果把它们一字摆开、没有主次，自然不好看，要高高低低的才会有层次感。可以让

喜欢的摆件作为主角，为其搭配其他摆件作为配角。有时摆件达不到我们想要的高度差，就要想办法为它们制造高度差。这里隆重地推荐使用书籍，在软装设计师的眼里，它是万能的"增高鞋垫"，如果摆件的高度层次拉不开，就可以拿书去垫高。

（4）叠层摆法

如果错落摆法让摆件在同一水平面上体现的高度变化还不够，就可以使用叠层摆法。大家可以把它理解为衣服的叠穿，但又不同于叠穿，不是把摆件一个套一个地摆放，而是前后错落摆放，这样会显得更有层次感。这种摆放方式比较适合成组出现的摆件。常用的方法是叠着摆放装饰画，在装饰画前摆放装饰品。这时要考虑摆件前后的比例关系，要前小后大，或按黄金分割比例放置。

（5）三角形摆法

将摆件进行群组摆放时，可以在其他摆法的基础上配搭三角形摆法。三角形具有稳定性，因此只要保持一组摆件是三角形，整个结构就会看起来很稳定。

如果软装元素不多（而且设计者水平有限），可以将摆件按三角形来均衡布置；如果软装元素较多，可以对称使用一组三角形进行布置，不过这样难度就变大了。不过不用担心，多尝试几次，通过对称、均衡的方式，再利用稳定的三角形，就可以将摆件摆得既漂亮又整洁。

（6）分区（分段）摆法

当家中有较大的台面或较宽的长台面时，可以先对台面进行分区、分段处理，之后再使用其他摆法，让台面显得更加丰富、整洁。

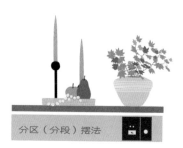

长台面一般采用分段的方法，将台面分成 3 段来摆放。左起或右起的第一条分割线有时会与黄金分割线重合，这里是用于摆放主要摆件的重点区域。而当台面比较宽大、使用功能较多时（比如大茶几），可以采用分区的方法，将台面划分成 3 个区域，根据功能将摆件分区摆放，并进行高低错落的组合。

（7）折线形摆法

折线形摆法

前几种摆法对应的是横向关系或前后关系，而要处理垂直关系时（如书柜、酒柜和装饰柜等），摆放难度就加大了，这时可以采用折线形（Z 形）摆法。在每个折角处创造共同点，以便让眼睛快速找到规律。这种摆法非常适合书柜。如果方法运用熟练或者摆件较多时，还可以采用双折线摆法，即同时使用两组折线进行摆放。

（8）情境摆法

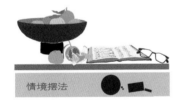

情境摆法

如果说前面几种方法更注重形式美，那么情境摆法则更注重传递一种"正在进行时"的感觉。软装设计师们特别钟爱这种摆法，它可以让观者想象主人的状态或联想自己就是主人，从而产生温馨、喜悦或向往等感受。比如台面上放着剥开的橘子、椅子上放着一本摊开的书、茶几上放着一杯热气腾腾的咖啡等，都是用软装情境来表达空间的感受。但前提是摆放要具有一定的形式美，而不能杂乱无章。可以说这是一种既有美感又有情感的搭配法则。

（9）呼应摆法

呼应摆法

最后一种摆法，遵循的是设计中最重要的法则——呼应法则。无论哪种摆法，呼应始终贯穿其中。在选择和摆放摆件时，都要考虑其与周围环境在形状和色彩上是否呼应，有呼应就是适宜的，没有呼应就是突兀的。

3. 典型台面、柜面及柜内的陈设实例

了解装饰摆件的9种摆法后，是不是发现陈设其实很简单，摩拳擦掌想去实践一下？先别急，下面展示几个典型区域的陈设实例以及注意点，以便降低大家的试错成本。

（1）玄关

玄关讲究有序、美观。家居花艺选用了白色花瓶和玉兰树枝，其他摆件选用了一幅远山装饰画、一盏照明台灯、一个装饰收纳碗和一组装饰瓶。由于摆件品种较多，因此采用分区摆法，在黄金分割处摆放主要装饰品，并运用三角形摆法和呼应摆法（色彩）达到构图平衡。柜边则预留15～20 cm的宽度，防止物品滑落。

装饰画

家居花艺
（花瓶+玉兰树枝）

台灯

装饰瓶

收纳碗

玄关柜

摆法分析

长台面两侧留15～20 cm，防止物品滑落

呼应摆法（色彩）

三角形摆法

分区摆法

玄关摆件清单

家居花艺、收纳篮、台灯、玩具、装饰画、收纳碗、烛台、纪念品、照片框、各种艺术品及工艺品、首饰架、首饰盒、绿植……

（2）茶几

　　理想的茶几摆设应该是有序而不呆板、丰富而不凌乱的。这里以圆形茶几为例，选用木制装饰摆件、家居花艺、托盘和茶具做居中摆放，并运用三角形摆法、错落摆法和呼应摆法（色彩）使其高低错落、有层次、有重点。虽然茶几上可选的摆件非常多，但高度不宜太高，以免遮挡视线，影响交谈。

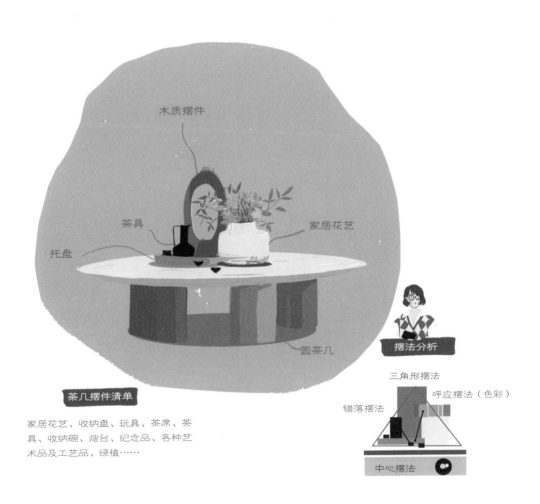

木质摆件

茶具

家居花艺

托盘

圆茶几

摆法分析

三角形摆法

呼应摆法（色彩）

错落摆法

中心摆法

茶几摆件清单

家居花艺、收纳盘、玩具、茶席、茶具、收纳碗、烛台、纪念品、各种艺术品及工艺品、绿植……

（3）餐桌

　　中国人的就餐方式多数是合餐制，分餐制用得少，因此餐桌上的摆件不能一直居中摆放，否则每天用餐时搬来搬去很不方便。餐桌上的物品不宜过多过满，可以选择一些精简实用的物品，比如果盘、花艺，以及偶尔用来制造浪漫氛围的烛台等。从摆放位置来说，所有形状的餐桌都可以居中摆放，但数量要少且便于搬动；长桌在非满员用餐的情况下，可以摆放在空闲的一端。下图中的圆桌上使用了错落摆法居中摆放果盘和家居花艺两种摆件。

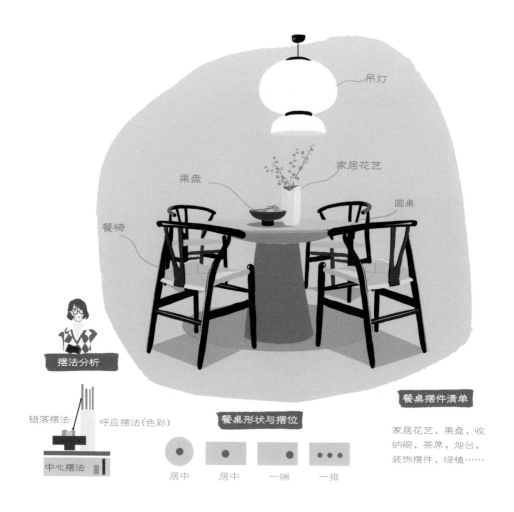

吊灯

家居花艺

果盘

圆桌

餐椅

摆法分析

错落摆法　　呼应摆法（色彩）

中心摆法

餐桌形状与摆位

居中　　居中　　一端　　一排

餐桌摆件清单

家居花艺、果盘、收纳碗、茶席、烛台、装饰摆件、绿植……

（4）床头柜

比起前几个区域，床头柜上的摆件可以是最具有个性的。因为它位于家中较为私密的空间，又是与睡眠紧密相关的家具之一，所以会呈现出许多个人习惯。比如有人睡前要看书，有人睡前要喝水、摆放水杯，有人睡前要摘下戒指等饰品，还有人睡前要摆放闹钟等，可以说是需求各异。然而，可供摆放物品的台面面积并不大，因此经常采用三角形摆法来放置一组物品，其余用品则可以收纳到抽屉中。

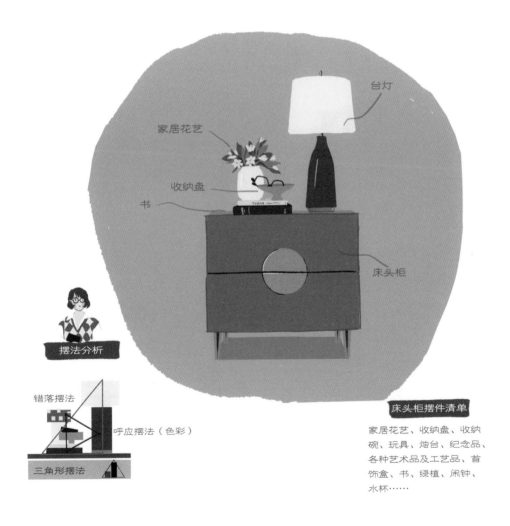

台灯

家居花艺

收纳盘

书

床头柜

摆法分析

错落摆法

呼应摆法（色彩）

三角形摆法

床头柜摆件清单

家居花艺、收纳盘、收纳碗、玩具、烛台、纪念品、各种艺术品及工艺品、首饰盒、书、绿植、闹钟、水杯……

（5）展示柜

　　展示柜、书柜等收纳柜，如果是开放式的，将会是家中物品较难摆放和收纳的地方，因为不仅物品数量多，还要考虑上下左右全方位的关系。对此，可以采用折线形摆法来"救场"。下图展示柜中采用了木色和黑色的双折线摆法，但只考虑上下关系还不够，还需要运用三角形摆法、呼应摆法（色彩）、叠层摆法来统筹考虑水平和前后等方向的关系。

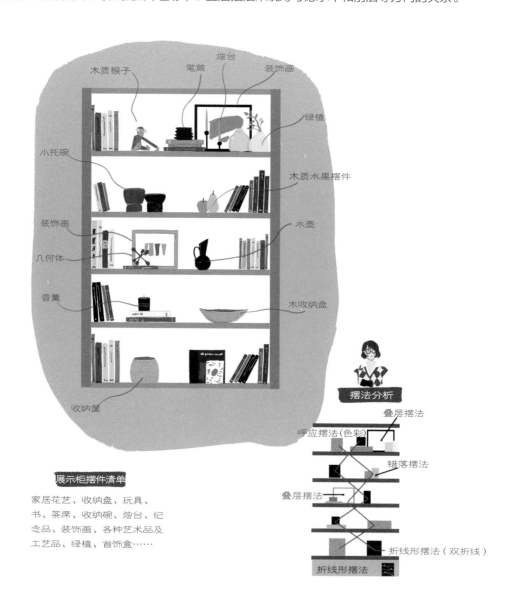

展示柜摆件清单

家居花艺、收纳盘、玩具、书、茶席、收纳碗、烛台、纪念品、装饰画、各种艺术品及工艺品、绿植、首饰盒……

第六节　家居花艺、家居绿植的选择与搭配方法

在很多设计师心里，植物是最好的软装元素，不需要昂贵的价格就可以瞬间提升家的活力，搭配好的话，还可以提升家的艺术感。同时，它们也是风格限制最小的软装元素，只要选好容器，无论放在什么风格的房间里都很合适。挺阔的琴叶榕、娇艳的玫瑰、可爱的多肉等，每种植物都有自己独特的美。

植物不会说话，却可以抚慰我们的情绪，是很好的疗愈物。住在"钢铁森林"中的我们可能没有过多闲暇时光照料花草，但依然希望家中有花艺、植物陪伴，感知季节的轮换与色彩。本节将针对家居花艺和家居绿植的选择与搭配展开讲解。

1. 家居花艺的选配方法

花艺会让人联想到艺术插花的场景和难度较高的花艺作品，但加上限定词"家居"后，就明确了家居花艺是为点缀整个家而服务的，不需要做成一件完美的艺术品，只要注意它与整个家的环境关系即可。比如在小花瓶中插一枝蔷薇，你看到它时心中泛起温柔的涟漪，这便是属于你的家居花艺。

家居花艺仅需一个小口径花瓶和一朵花就可以开始进行搭配了。小口径花瓶可以插少量的花，还省去了购买插花工具的费用。接下来，该插哪种花呢，鲜切花、干花还是仿真花？如果你没有太多要求，可以使用仿真花；如果你不喜欢假花，那么鲜切花和干花都是不错的选择。下面列出三者的优缺点进行对比，你可以选择适合自己的花做花艺。

头晕眼花

优点：仿真度极高，使用时间长。

缺点：需扫尘，不鲜活，年久易掉色。

优点：具有花的形态，味道较浅淡。

缺点：色彩较暗淡，较脆，触碰易折断。

优点：可闻可看可触摸，感受自然。

缺点：需定期换水，生命周期短。

跨过单瓶配单花的阶段，想要进阶的话，就需要学习一些家居花艺的基础知识了。做家居花艺要考虑花材和花瓶的匹配度：有的花好，瓶子不合适；有的瓶子好，花不适合；有的花和瓶子都很好，但不适合自己家。因此，需要先了解花材和花瓶的"脾气"和"个性"，再学习怎样协调花材、花瓶和家这三方的关系，找到它们之间的平衡点。

接下来先熟悉一下完成家居花艺任务的两位"选手"：花材和花瓶。

（1）"选手"一：花材

花材没有限定的风格。比如，没有人规定玫瑰一定代表西式风格、梅花一定代表中式风格。只要花材的色彩、造型符合空间需求，就可以放到房间中，在选择时把它们当成一个有色彩的形状来看即可。

按照花材市场可选购的花的形状，可以将它们分为团状花材、线状花材、散状花材和不规则花材。

2.线状花材

火焰兰

代表：唐菖蒲、雪柳、大飞燕、火焰兰等

特性：花朵生长在或曲或直的条状枝干上。一般比较修长，可以用来搭建插花的结构框架。

1.团状花材

郁金香

代表：玫瑰、洋桔梗、芍药、郁金香等

特性：花朵的外形呈现出整齐的团、块，多为仿圆形，可以单品种或单品插，也可以作为其他花材的焦点花。

3.散状花材

小雏菊

代表：满天星、情人草、勿忘我、小雏菊等

特性：多个单支花朵组成多个发散状的花枝组合，也称为"点状花材"。插花时起到填充、陪衬、增加层次感的作用。

4.不规则花材

代表：红掌、天堂鸟、鸡冠花、马蹄莲等

马蹄莲

特性：造型不规则，一般形体较大，一两朵就很具吸引力，可作为焦点花。

（2）"选手"二：花瓶

　　这里的花瓶代指花器，可以是瓶、盆、罐、缸，也可以是任何形状的容器。和花材相比，选择花瓶需要考虑的因素更多，比如大小、高矮、形状、色彩、图案和口径等，不同款式的花瓶会给人留下不同的印象，搭配花材的难度和配出的风格也不同。

（3）花材与花瓶的搭配法则及经典的美观组合

知道了花材与花瓶的特性，接下来，该怎么配搭它们呢？专家们总结了很多简洁易懂的方法，比如明代沈复提出的"起把宜紧，瓶口宜清"的观念及方法至今仍具有指导意义。插花是有规律可循的，这里总结了家居插花口诀，再配合一些反面案例，方便大家理解。

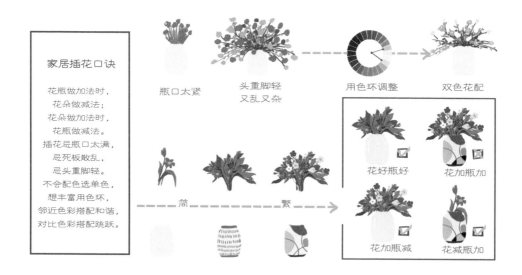

家居插花口诀

花瓶做加法时，
花朵做减法；
花朵做加法时，
花瓶做减法。
插花忌瓶口太满，
忌死板散乱，
忌头重脚轻。
不会配色选单色，
想丰富用色环，
邻近色彩搭配和谐，
对比色彩搭配跳跃。

瓶口太紧　　头重脚轻又乱又杂　　用色环调整　　双色花配

简　　繁

花好瓶好　　花加瓶加

花加瓶减　　花减瓶加

当花瓶材质相同时，造型图案越简洁，可选的花材就越多；花材的品种、造型、色彩越单一，可选的花瓶种类就越多。下面给出几个经典的瓶花组合，供大家参考。

白色花瓶+混色小花　　平口花盆+团状花　　竹藤花瓶+小碎花　　金属花瓶+球状花

玻璃花瓶+郁金香　　水泥花瓶+叶材　　陶土花瓶+枝条(花)　　小口瓶+枝条(叶)

（4）花材的常见固定方法与工具

为了达到更好的效果，我们还需要一些固定花材的工具。这里将工具简要地分为 3 个派别：自然派、人造派和达人派，大家可以根据自身的情况进行选择。

自然派：主要取材于大自然，利用自然界的枝条、小石头、沙子等物品去固定枝条、花材，其中"最高境界"是用多余的枝条做成"撒"来进行固定。常见的有一字撒、十字撒、井字撒、Y 形撒等。

人造派：可以利用现代各种工业制品来固定，种类较多，比如剑山、花泥、鸡笼网等，可以直接购买，适合刚入门的新手。

达人派：可利用身边的一切物品来固定，比如透明胶带、一次性筷子等。

2. 家居绿植的选配方法

（1）"选手"一：植物

看完家居花艺的内容，你可能会想：鲜切花固然好看，可是生命周期太短，性价比不高。如果你对绿植养护比较在行，可以选用绿植，它比插花性价比高、生命周期长，只要挑选造型好看、颜色适合的即可。下列图中介绍了家居中比较适合选用的绿植。

多肉
可单株、可拼盘，软萌可爱，很治愈

仙人掌
"懒人"必备，耐旱、造型美

铜钱草
水陆"两栖"，叶如铜钱

绿萝
喜光耐阴，遇水即活，好养

海芋
耐阴好养，品种多，叶形美，肌理丰富

蝴蝶兰
花朵艳丽，花期长，造型美

常春藤
四季常绿，好做造型

春羽
叶大、浓绿、有光泽，株型美

龟背竹
可土培、可水培，叶孔裂纹别致

橄榄树
叶子小巧，莫兰迪绿，温柔，好搭配

虎皮兰
斑纹美，耐旱，成组栽培更好看

吊兰
叶剑形，喜温湿，耐阴怕寒

柠檬树
喜光耐寒，树果皆可看

琴叶榕
不喜欢被搬动，叶子美，易做造型

百合竹
耐阴、忌强光，枝干造型美

橡皮树
主干分明，叶椭圆厚实，而且色彩有变化

鹤望兰
怕冷，叶子姿态美，是否开花要看品神

千年木
主茎挺拔，色彩高雅

（2）"选手"二：花盆

"好马配好鞍"，选好了植物，还要给它们配个花盆。相对于种类繁多的花瓶，花盆就简单多了。花盆基本可以分为3类：透明花盆、中性色花盆、藤编篮（含纸袋）。水培植物（比如龟背竹）适合透明花盆；造型简洁的中性色花盆如陶土盆、水泥盆等是绿植的标配；还可以为花盆套上藤编篮或牛皮纸袋，配色会更加和谐温柔。

3. 家居花艺绿植的搭配逻辑与实践

前面了解了花材与花瓶，接下来要介绍最重要的元素——空间。既然是家居花艺、绿植，就需要为空间服务，而不能随心所欲地选配。选配的底层逻辑有两点：其一，找到家里的需求，缺什么补什么，比如色彩、线条或氛围；其二，看看用什么来解决需求，是花艺、绿植，还是花瓶、花盆，抑或是它们的组合。

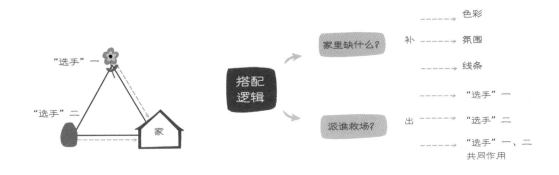

搭配实践 1：窗边休闲区，缺少自然的生机和丰富的线条（窗帘和抱枕都是直线，稍显呆板），因此这两点就是选配的关键。用绿植增添自然气息，这里针对直线问题选用了自带曲线的百合竹。只用一株植物，便解决了氛围、线条的问题，并且还丰富了空间色彩。

搭配实践 2：边柜区域的构图，右边较重、左边较轻，可以添加家居花艺来进行平衡。这里使用了白色花瓶和绿叶黄花与空间中其他软装元素在色彩和形状上进行呼应，其中白色花瓶呼应装饰画的白色部分，绿叶黄花呼应装饰画以及灯具中的绿色。

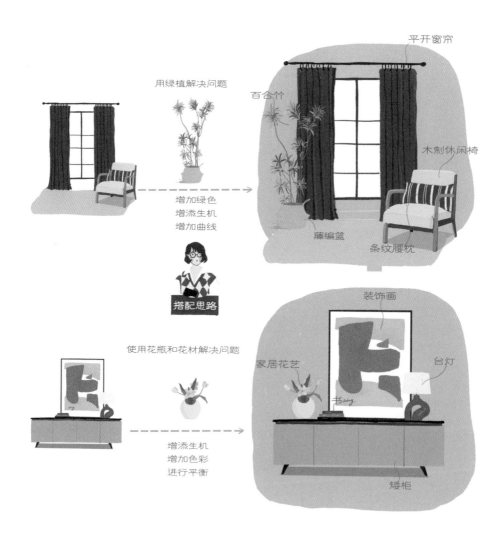

用绿植解决问题

平开窗帘

百合竹

木制休闲椅

增加绿色
增添生机
增加曲线

藤编篮

条纹腰枕

搭配思路

使用花瓶和花材解决问题

装饰画

家居花艺

台灯

书吻

增添生机
增加色彩
进行平衡

矮柜

第七节 布艺的选择与搭配方法

一个完整的家离不开布艺。温暖的被子、垂顺的窗帘、充满安全感的抱枕……它们是家中必不可少的部分，很好地诠释了家的温暖。它们虽然大多不是空间中的主角，但能起到非常重要的辅助与衬托的作用，并且各有特性，也各有各的选配方法。

1. 窗帘的选配方法

窗帘的作用是遮光、保护隐私、隔声、装饰空间等，其专业名词和选择都很多，选择不同，搭配出来的效果也不同，让很多人不知如何下手。其实，选配窗帘时只要从自己的需求出发，在常用类型中选出适合自己家的，再掌握几个注意点和一些搭配方法即可。

（1）常见成品窗帘的类型和开启方式

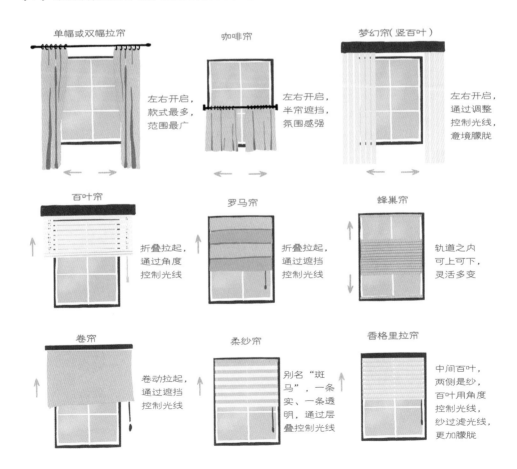

（2）布艺平开窗帘的构成

在众多窗帘中，使用最多、细节也最多的就是布艺平开窗帘，它由两个基础部分构成，即轨道和帘体（包含帘头、帘身和装饰物等）。选配窗帘时要注意两点：一是根据是否预置窗帘盒来选用暗藏的滑轨或罗马杆，二是根据家中的软装效果选择帘身的色彩与材质。在此基础上，根据整体的家居风格和预算选择是否使用帘头以及添加多少装饰物等。

选择窗帘材质时，不仅要注重质感，还要考虑使用性能。纯天然材质质感虽好，但缺点也是明显的，比如纯棉材质清洗后易缩水、真丝材质怕晒、亚麻材质透光易皱等，而且不添加任何化纤原料的棉、麻、丝质窗帘，其垂度和耐用度都不太好。因此布艺窗帘常选用混纺材质和涤纶材质，其中混纺材质既有天然材料的属性，又比较稳定，涤纶材质则性价比比较高。

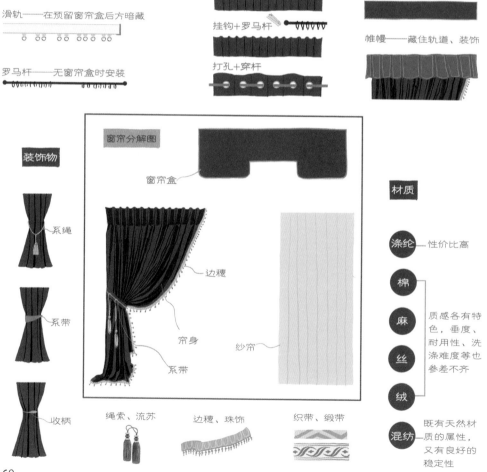

轨道

滑轨——在预留窗帘盒后方暗藏

罗马杆——无窗帘盒时安装

挂钩+轨道

挂钩+罗马杆

打孔+穿杆

帘头

窗帘盒——藏住轨道、装饰

帷幔——藏住轨道、装饰

装饰物

系绳

系带

收柄

绳索、流苏

边穗、珠饰

织带、缎带

窗帘分解图

窗帘盒

边穗

帘身

纱帘

系带

材质

涤纶——性价比高

棉

麻　质感各有特色，垂度、耐用性、洗涤难度等也参差不齐

丝

绒

混纺　既有天然材质的属性，又有良好的稳定性

（3）布艺窗帘安装的注意点

　　了解布艺窗帘的构成、选配思路和材质后，只要去正规的商家购买，再由专业人员测量和安装，基本就没有问题。但在现实中，有些人会选择在线上购买，或自己动手测量计算、安装窗帘，这时就需要了解几个常见的错误，比如有些窗帘挂起来不美观、有些会漏光、有些让家的空间显小等。提前注意这些地方，便可以规避自家窗帘出现同样的问题。

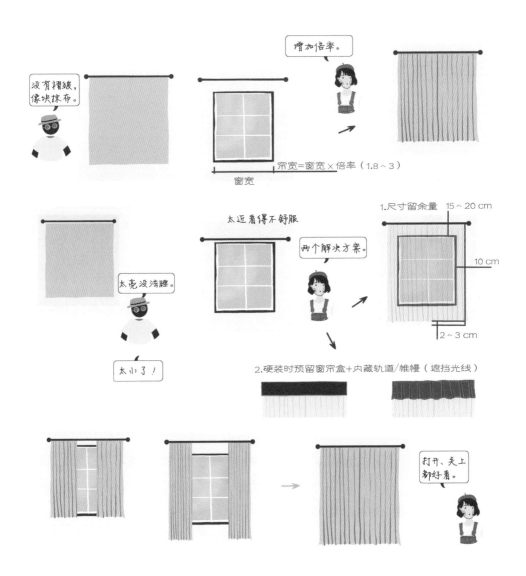

（4）家居窗帘的色彩选配方法

窗帘除了基本的遮光、保护隐私、降噪等基础功能，还有一个重要的作用，就是装饰家。窗帘是家中比较灵活的色彩调节板，打开时是立面条状的中小色块，是家居色彩中的辅助色；关闭后是大色块，跃居为家居色彩中的背景色。不论打开还是关闭，都要谨记色彩需分主次，因为窗帘在常规情况下不会成为家居空间中的主体色，所以它们在空间中的存在感不能太强。作为空间中的软装元素之一，窗帘需要与其他装饰物和谐相处。下面来看看选择窗帘的口诀，再结合图示和解释加以理解。

家居窗帘口诀

厚重烦琐偏古典，轻盈简洁偏现代。配窗帘，做选色，忌花哨，忌突出。
最万能是中性色，想突破，要学会用色彩去找朋友。
遇到空间色彩多，用单色做减法（去杂乱）；遇到空间色彩少，用花色做加法（点睛）。

偏古典

偏现代

面料越厚重，
款式越烦琐

面料越轻盈，
款式越简洁

色艳花大家显小，
配角不要太突出

万能中性色

空间中色彩过多，
窗帘选单色去杂乱

2. 抱枕的选配方法

家居中使用抱枕的地方有很多，比如沙发上、飘窗上、椅子上等，出现频率最高的位置是在沙发上。沙发是客厅的重点，抱枕起到"点睛"的作用，它不仅可以提升沙发的舒适度，还可以起到点缀沙发、串联整个空间色彩的作用。

抱枕分为枕套和枕芯两个部分，它们一般分开售卖，主要原因是便于人们选择，不同尺寸和填充物的枕芯能让抱枕在视觉和体感上有所不同。

（1）抱枕的材质与规格

常见的枕套面料有棉、麻、丝、绒、涤纶、皮革、混纺等，枕芯填充物有人造纤维的 Poly 系列人造化学纤维（即 PP 棉）、高弹棉、羽丝绒，以及天然的羽绒等。它们的区别是价格和触感，例如羽绒不易变形，使用寿命更长，虽不够饱满，但回弹快，可以通过拍打塑形，这是高弹棉做不到的。一般枕芯尺寸要比枕套大，才能显得饱满，常见的是大 5 cm，也有一些是大 3 cm，而填充物是羽绒时还需要考虑到克数。

（2）抱枕的常见摆法与数量

抱枕在形状不同的沙发上摆放的位置也不同，在同种沙发上的摆放形式也可以不同。一般从两边到中间，可以将不同规格的靠枕、腰枕从大到小进行组合搭配，数量多少根据个人的喜好决定。下图中有一些常见的不同数量抱枕的摆法，可以根据喜好自由选择，在此基础上加条披毯，便可以提高舒适度。

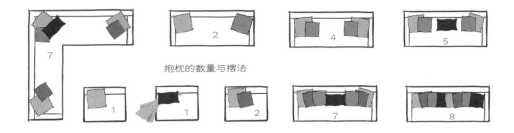

抱枕的数量与摆法

（3）抱枕的常见搭配公式

抱枕数量多，会让沙发看起来饱满而丰富，在选择和搭配上需要平衡好尺寸比例、色彩和图案之间的关系。下面介绍两个常用的搭配公式。

公式一：中性色 + 任意色 + 相关图案。 选一个中性色（黑色、白色、灰色）的抱枕加上一个任意色彩的抱枕，再加上一个与这个色彩相关的有图案的抱枕。

公式二：任意色＋大图案＋小图案。 选一个任意色彩的抱枕加上与此色彩相同或相近的一个大图案抱枕和一个小图案抱枕。

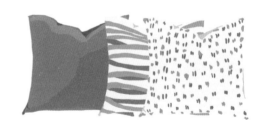

3. 床品的选配方法

床是卧室的重点，床品是装饰卧室的主要用品，同时也是和我们身体接触最为密切的布艺。选择床品，需要兼顾舒适和美观两方面，其中舒适是第一位的。由于个体感受差异较大，大家可以通过躺、触碰等方式找到适合自己的面料和高度来满足需求，这里不再赘述。下面的内容重点解决床品的美观问题。

平躺

侧卧

趴伏

（1）床品的分类及材质

床上用品（简称"床品"）有很多种，比如床单或床笠、被罩、枕套、装饰方枕套、腰枕套、床垫罩、披毯等，每件单品都有不同的作用。下图呈现了这些床品的形式，大家可以根据自身需要做减法处理。一张好看又舒适的床，其上面的床品可以包括以下内容：

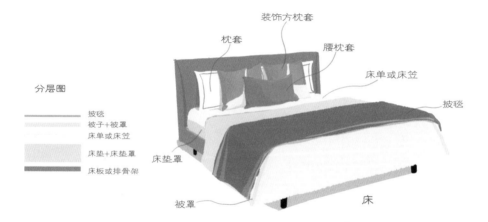

分层图

披毯
被子＋被罩
床单或床笠
床垫＋床垫罩
床板或排骨架

装饰方枕套
枕套
腰枕套
床单或床笠
披毯
床垫罩
被罩
床

常见的枕头面料有棉、麻、丝、毛和化纤等；枕芯的填充材质有羽丝绒、羽绒、羽毛、乳胶、荞麦、决明子和新型材料记忆棉等。选择的面料和材质不同，体感也不同，大家可以根据自身喜好进行挑选。床品的搭配需要从两方面入手，即枕头的数量与摆放形式、床品与空间色彩的搭配关系。

（2）枕头的搭配方法

枕头是床品搭配的"灵魂"，一张床看起来是否饱满而柔软，很大一部分取决于枕头的数量和饱满度。常用床品四件套里只有两个枕头，明显没有 6 个以上的枕头看起来丰富。这些枕头可用于睡眠、靠背、垫腰以及增加美观度，数量上可以在美观与方便之间按需选择，选用常规版、简约版、升级版或奢华版等形式。

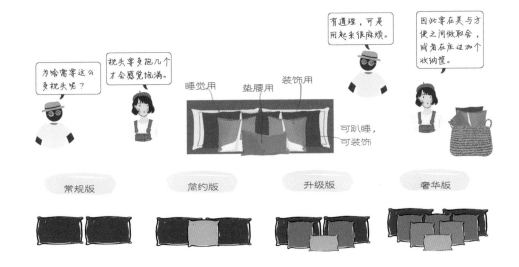

另外，选取时也要考虑枕头的饱满度。对于只起美观作用的装饰枕，一般会在图案、面料和尺寸的选择上花心思，使其看起来饱满；而对于睡眠时使用的枕头，应尽量选用较为简洁舒适的面料，并选择填充适合颈部曲线的材料的枕头。

（3）床品的常见搭配公式

床上用品多会显得琐碎，如果全部选用白色，虽然干净，但索然无味。我们可以按色块的大小把床拆解成 3 种色块：大色块——床单、被罩色；中色块——床身色（包含床背板和床框的颜色）；小色块——枕头、披毯色。下面介绍两个方便使用的搭配公式。

公式一：**中性色的大色块与有变化的小色块。**选择中性色的床单、被罩，用床上的小色块呼应空间中其他软装色，比如窗帘、装饰画和地毯等。这样搭配出的效果轻松活泼，并与室内统一，床身不论是中性色还是其他色彩都适用。

公式二：**有变化的大色块与有变化的小色块。**将床单、被罩与枕头、披毯当成一个整体，呼应空间中其他软装色。这样搭配出的效果非常统一，不过更适合中性色的床身，而不适合有色彩的床身。但如果空间原本的色彩就是中性色，那么更适合有彩色（与无彩色相对，即黑、白、灰之外的颜色）的床身，否则搭配出的效果会显得有些单调。

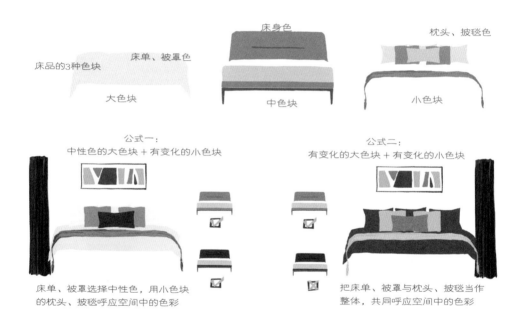

4. 地毯的选配方法

最后来看布艺中的地毯。很多家庭因生活习惯或怕清洁麻烦而弃用地毯，其实可以尝试使用小块的地毯，它不仅可以从心理上很好地划定空间，还能通过不同的颜色和图案纹理等，让房间变得美观舒适，而且相对容易清理保养、便于更换。在购买地毯前需要考虑3个方面，即地毯的耐用程度、铺设方式以及与空间的匹配度。

地毯选配
有三问：

1.耐用吗？
2.铺对了吗？
3.与空间匹配吗？

手工羊毛地毯

异型短绒地毯

印花地毯

（1）地毯的材质与生活方式

对于家居空间，主要根据自家的生活方式，选择地毯的材质、厚度以及织造方式。地毯按材质可分为纯天然纤维的棉、毛、麻、丝、皮等和人造纤维的尼龙、丙纶、涤纶、腈纶等；按绒毛高度可分为长绒毯、短绒毯；按表面呈现的状态可分为割绒、圈绒、平织。

想要获得舒适的脚感，可以选择羊毛的长绒毯，但家中人员密集的地方不适合使用，需换成牢固、耐磨、好打理的混纺、化纤材质的短绒或平织地毯。有小宠物的家庭要避免选用圈绒地毯，以防宠物被勾挂。总之，大家要根据自家的生活方式对地毯进行筛选。

耐用吗？

羊毛	真丝	纯棉	黄麻、剑麻	混纺	化纤
保温好，弹性好，防静电，不耐磨，易掉毛，难养护	色彩丰富、自然，显高档，不耐磨，价格贵，难养护	色彩温和、自然，质地柔软，但牢固性差，不耐用	毯子薄，脚感差，耐磨，易打理，不怕人多脚杂	兼具天然材质的质感和人工材质的耐磨性	耐磨，价格低，质感不输天然材质

我怕人复、怕小朋友，还怕小动物。

长绒

更柔软、更奢华，但清洁起来麻烦

我都不怕。

短绒

更坚固，更易吸尘保洁

我最怕小动物。

圈绒

密实、耐磨，抗倒伏性好

我不怕小动物。

平织

耐脏、耐磨，防勾挂，厚度薄，脚感差

（2）地毯尺寸的选配与铺设注意点

一个房间内，在预算足够的情况下要购买尺寸足够大的地毯，利用地毯的延展性使房间在视觉上显得更大。地毯足够大的标准是所有家具都能放上去，其尺寸的选择虽然与房间面积有关，但主要看家具的摆放形式。选择的基本原则是：在地毯不够大时，能保证所有大家具（比如沙发、床）的前腿落在地毯上，小家具特别是对平衡有要求的（比如茶几、角几和床头柜等），所有腿都落在地毯上；在地毯足够大时，要保证家具的所有腿都落在上面，但不要完全铺到墙角，要留出 20 ~ 60 cm 的距离或更宽的通道。下图中展示了不同空间的地毯铺设方式及注意点。

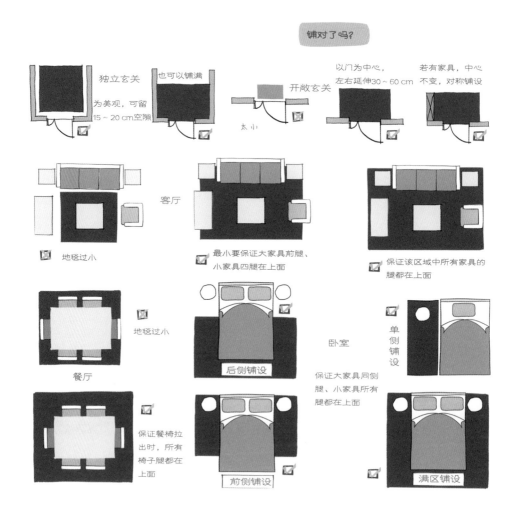

铺对了吗？

独立玄关　也可以铺满

为美观，可留 15 ~ 20 cm 空隙

开敞玄关

太小

以门为中心，左右延伸30 ~ 60 cm

若有家具，中心不变，对称铺设

客厅

地毯过小

最小要保证大家具前腿、小家具四腿在上面

保证该区域中所有家具的腿都在上面

餐厅

地毯过小

保证餐椅拉出时，所有椅子腿都在上面

后侧铺设

前侧铺设

卧室

保证大家具同侧腿、小家具所有腿都在上面

单侧铺设

满区铺设

（3）地毯款式及色彩的选配

地毯是否美观与其特点有直接关系。地毯的特点是由形状、色彩和图案共同呈现的，因此选择地毯时，要从这 3 个方面来分析一张地毯是否适合自己的家。

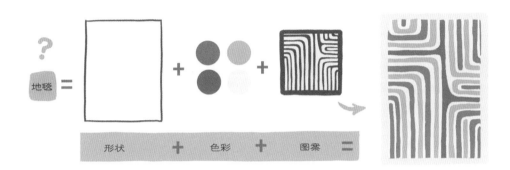

形状：常用的是中规中矩的长方形和正方形地毯，若想要有点变化，可以选择圆形，再大胆一些可以选择异型。

色彩：小块的地毯虽然会被家具遮挡一部分，但它在家具与地板之间起到了连接作用。一般选择中性色，浅一些可以在视觉上扩大空间，深一些可以适当遮挡污渍。还可以使用与其他软装元素相同或相似的色彩，不仅能让空间色彩更统一，还可以呈现出一定的秩序感，视觉上更加舒适。

图案：它是把"双刃剑"，只在家中有需要时使用，比如家具、墙壁等色彩单一，或其他软装色彩不够协调，此时地毯图案中的颜色就可以起到统一色彩的作用。

中性色最保险，可深可浅　　　　　　　　当空间软装色彩较少时，可选用图案来增加生气

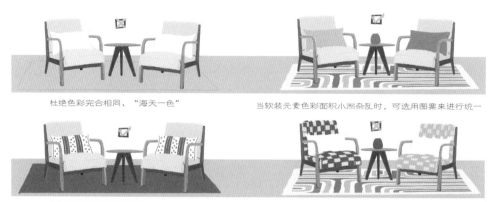

杜绝色彩完全相同、"海天一色"

当软装元素色彩面积小而杂乱时，可选用图案来进行统一

用色彩呼应其他软装元素

当空间、软装、图案的色彩过多时需慎重选择，难度较高

5. 布艺的选配示范

下面以一个带窗户的客厅为例，示范窗帘、地毯、抱枕之间如何搭配。整套布艺搭配使用黄绿两个色系，并以绿色为主，从上到下依次为绿色窗帘、黄色与带绿色图案的抱枕、全部为绿色图案的大尺寸地毯，三者彼此呼应、整体和谐。

搭配思路

窗帘

地毯　　　　抱枕

1.绿色系布艺，纹样稍作变化。
2.添加一种颜色（黄色），增加活跃度。

第八节 综合选择与搭配示范——搭建小场景

掌握上述技巧后，就可以开始搭建小场景了。小场景原是影视专业的词语，后被家居软装行业借鉴，用来指代具有特点的家居造景。有的空间只有一个小场景，有的空间有多个大小不同的小场景，由它们组成整个房间。要注意的是，小场景虽美，也要适度。下面了解一下搭建小场景的位置、方法和步骤。

1. 小场景的位置与主题

家中适合搭建小场景的位置比较多，按空间顺序梳理，包括入门玄关柜、客厅茶几、餐厅餐桌和餐边柜、厨房台面、阳台休息角、阅读角等，初次搭配可以从茶几、床头柜入手。搭配过程中需要注意两点：一是每个空间的小场景设置和软装元素的选择都要符合该空间的属性；二是小场景的搭建可以选择各种主题（比如春节等节日），也可以根据个人的兴趣爱好进行搭建，比如手工达人可以把小工具拼在一起，做成独特的小场景。

2. 小场景的搭建实例

下面根据图中阅读一角的小场景来拆解搭建思路与操作步骤。

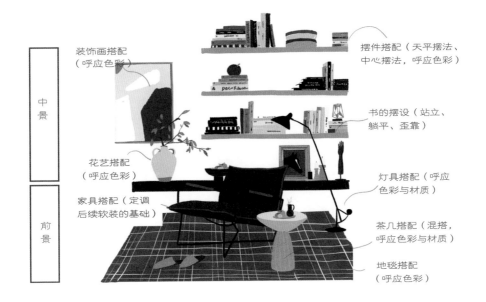

这个小场景的搭配不是一气呵成的，而是要经过不断思考和调整。因此不要认为搭配设计只有艺术性，其实在设计中有很多理性思考。从拍照的角度再分析一下这个小场景，整个书架的书、摆件及墙面装饰画是大背景，休闲椅、边几则组成近景，每个景深里都有自己的细节，因此整体上层次分明、内容丰富。

第一步：按需求罗列软装元素

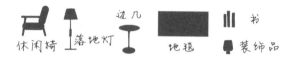

第二步：选择大家具定调 第三步：搭配其他软装元素

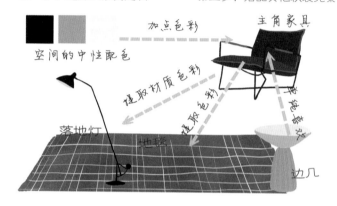

第四步：安置书架上的书与装饰品

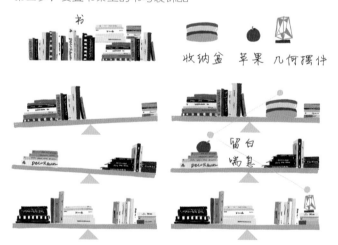

用装饰品让书架在视觉上保持平衡并与家具呼应

第三章

成为家居软装
配色达人

　　"没有难看的色彩，只有不和谐的配色。"在运用到家居软装之前，色彩没有美丑之分，只有个人喜好的区别；但当色彩被赋予形状、材质或者放到特定的空间时，情况就发生了变化。就像优雅的伊姆斯躺椅，如果将其皮革的颜色改成粉红色，椅子原本稳重、厚实的感觉便荡然无存了，这就是色彩的力量。

只有喜好之分，没有美丑之别　　　　　　　　稳重、厚实　　　　　　　　　　显得有些奇怪

　　在正式装饰家之前，你可能会听到很多不同的声音，比如家居色彩搭配一般不超过3种颜色，合适的比例是6∶3∶1；设计的定律都是用来打破的，不用拘谨；家居博主、时尚杂志对流行色的建议在不断变化……大量信息扰乱你的思维："装饰家该怎样用色？是选择自己喜欢的色彩，还是套用家居案例的配色？"其实无论怎样选择都可以。家居配色虽然看似有一些变幻莫测，但搭配是有规律可循的。下面先解释一下色彩搭配没有美感的原因和色彩搭配美观的道理。

第一节　色彩搭配没有美感的原因

美观的色彩搭配在效果上是相似的，并且和谐中存在着变化；不美观的色彩搭配则各有各的问题。这里将家居软装配色不美观的原因归纳为两类，即选色问题和配色问题。

1. 常见的选色问题

（1）选色违反自然规律或常规认知

人们有很多固有认知，比如对斑马的认知是长有黑白条纹的动物。我用几款不同颜色的斑马图案的抱枕做了一次色彩认知调查，让学生从中挑选出喜欢的放在家中。结果不出意料，色彩的票数随猎奇程度的增加而相应减少，最夸张的 3 号获得的票数最少。一些人虽然会因为猎奇心理而观赏奇怪的色彩，但真的要求他们将其放在自己家中，多半会因为从众心理而排斥它。在日常生活中，这种违背自然认知的例子有很多，在选择色彩的时候就已经存在问题了。

投票：选出一个你觉得好看的斑马抱枕

票数：43

票数：10

票数：3

票数：8

（2）选色违反空间定位、房间和个人需求

有些色彩本身没有问题，但用在不合适的空间或不符合使用者的需求时，这个选择就是有问题的。比如，将需要平心静气的工作区布置成火红色，这种选色在空间定位上就是不合适的；如果自身不喜欢蓝色或者房间寒冷无窗，却在房间大面积涂刷蓝色、摆放蓝色摆件，哪怕整体搭配和谐，也已经违反了使用者和房间的需求。这些都是常见的选色问题。

静心值

静心值

静心值

2. 常见的配色问题

　　配色中的问题，具体可以分为3种：杂乱无联系、冲突不协调、单调无亮点。这些问题一般很难发觉，但换个方式，比如给家拍张照片，就能很快发现问题。下面用沙发背景墙举例。先观察黑白"素颜照"：家具款式统一、灯具间相互呼应、摆件位置合理、挂画形式适合、植物选择正确。立面整体构图和谐，而一旦配色出错，就会产生负面影响。

"素颜"照

（1）配色杂乱无联系

　　右图中的色彩超过了10种。这么多色彩散布在空间中，协调不好的话就会显得杂乱。但这种杂乱不是因为色彩过多，而是因为色彩无序。空间中合适的色彩关系，比如主次关系、位置关系等，可以让人感到舒心、有安全感。如果色彩之间没有明显的关系，就会显得杂乱。

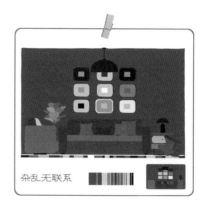
杂乱无联系

（2）配色冲突不协调

右图中的配色十分抢眼，这是冲突型配色的优点，也是很多设计师钟爱这种配色的原因，比如红配绿、黄配蓝等就常出现在一些有个性的展览上。但这样的配色用在家居中就不一定合适了，因为家居配色除了要吸引眼球，还要适宜居住。过多、过强的色彩冲突会让人心跳加快，哪怕搭配有序，长时间置身其中，也会感到不适。但这样的配色仍然可以使用，只要弱化一些冲突感就行，后面会讲到相关方法。

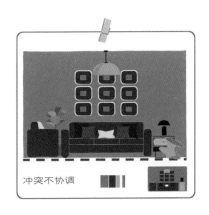

冲突不协调

（3）配色单调无亮点

如果为了避免前两种情况而用少量色彩进行装饰，可能会造成配色单调的问题。右图中的配色开始会让人眼前一亮，但细品就会觉得寡淡，即使增加有生命力的绿植，依然改变不大。这就是配色单调的原因，由于黑、白、灰属于无彩色，在色彩搭配中并不显眼，因此整体空间看上去只使用了单一的黄色。

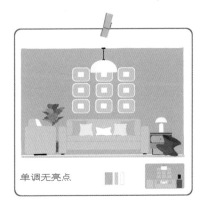

单调无亮点

选色是配色的源头，出错容易改正，只需认清自己和房间的需求，再学一些色彩基础知识，就可以做出正确判断。相对来说，配色问题多而杂，主要原因是没有摸清色彩规律、采用错误方法或完全不用任何方法。因此要解决配色问题，需要阶段性的学习，下面将介绍如何做出美观的色彩搭配。

学配色要有方法，并且要循序渐进。

认知色彩

选对色彩

配对色彩

第二节　如何做出美观的色彩搭配

色彩数量很丰富，不过其搭配规律易于掌握，那就是：美观的配色要在均衡中存在变化。但色彩搭配规律在不同的设计领域中有不同的用法，盲目使用会导致出错。比如，将穿衣的配色规律套用在家居中，就会导致色彩过少的问题；将广告的配色规律套用在家居中，则会导致对比过于强烈的问题；设计领域常用的 6：3：1 的色彩比例，用在家居中也会显得不太协调。因此，想要做出好的家居软装配色，就要按照认知色彩、选对色彩以及配对色彩的顺序，层层递进地掌握家居软装色彩的搭配方法和步骤。

1. 认知色彩

（1）色彩的属性与选择工具

① **色彩有 3 方面的属性**：色相、纯度、明度。

色相：指色彩的样貌。可以将它理解为色彩的姓氏，比如红色、绿色、蓝色，每个姓氏可以取出不同的名字，比如大红、朱红、粉红、天蓝、海蓝等。

纯度：指色彩的鲜艳程度，颜色越鲜艳越纯。从下图可以看出，红色含量越低，纯度就越低，色彩离红色就越远。

明度：指色彩的明亮程度。若在红色中加入白色，明度升高，颜色变亮；若加入黑色，明度降低，颜色变黑；若加入棕色，明度降低，颜色变暗。

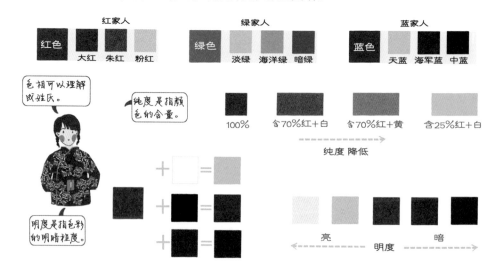

② **色彩的选择工具**：色相环、色立体、色卡。

色相环：下左图是标准版的 24 色色相环，每个色彩都是该色系中纯度最高的，非常艳丽。色相环只是用来展示色彩之间的关系，比如位置接近的颜色搭配起来较为和谐、位置相对的颜色搭配起来有冲突感，做家居软装色彩搭配时不能直接从色相环上取色。

色立体：在色相环的基础上，向色彩中添加黑、白、灰，得出的色彩更符合人眼的观看习惯。配色时，可以从色相环上找到色系和色彩关系，从色立体中找到具体的色彩。

色卡：是将色立体平面化处理而得到的。色卡中有很多色块，可以通过翻看进行对比，只需在选色前了解自己想要的色彩关系即可。

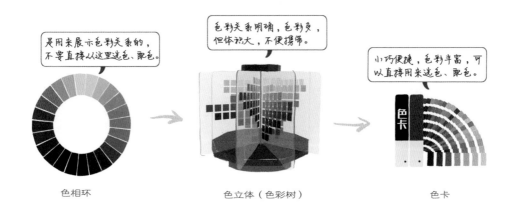

（2）影响色彩搭配的因素

了解色彩的属性后，还需要知道影响色彩搭配效果的两个因素：数量与色感。

① 数量

可以按照色彩数量将家居软装配色分为 3 类：单色配色、双色配色和多色配色。为便于理解，下图展示了房间的 3 种配色效果，现实生活中常用的是后两种。

单色配色	双色配色	多色配色

统一型 搭配难度：★
只用一种色相，有些单调，在明度和纯度上进行变化。加入一色变为双色配色。

平衡型 搭配难度：★★
采用两种色相，比单色配色更丰富，需要注意色彩关系，也可以通过增减明度来使其有所变化。

丰富型 搭配难度：★★★
采用三种及以上的色相，配色丰富有张力，但易杂乱，必须掌握好色彩之间的关系。

② 色感

将配色运用在家居空间中时，因色彩的属性和搭配不同，会给人不同的视觉和心理感受。比如，不同的色彩可以让空间看起来大小、冷暖、高低有所不同，同一个房间呈现出不同的感觉。

色彩的冷暖感：色彩的冷暖感由色相决定。看起来温暖的颜色如红色、橙色、黄色等为暖色，看起来寒冷的颜色如蓝色、蓝绿色、紫色等为冷色，看起来既不冷又不暖的色彩为常温色。

冷暖感的应用：通过改变墙面色彩，让房间在心理感受上变冷或变暖；也可以通过改变软装元素中布艺（比如床品、抱枕、窗帘等）的色彩来调节房间的冷暖感，从而适应不同的季节。

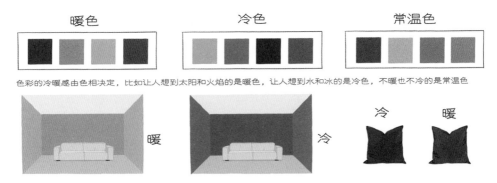

色彩的冷暖感由色相决定，比如让人想到太阳和火焰的是暖色，让人想到水和冰的是冷色，不暖也不冷的是常温色

色彩的冷暖感用于房间配色（比如涂刷涂料），可以从心理上改变房间的冷暖感受，或用于布艺元素上以调节冷暖感

色彩的轻重感：色彩的轻重感由明度差产生。明度越高，色彩给人的印象越轻柔，有上升感；明度越低，色彩给人的印象越沉重，有下沉感。

轻重感的应用：软装元素（比如家具、灯具等）使用轻重感不同的色彩，可以呈现出或轻快时尚、或厚重敦实等不同的感觉。

色彩的轻重感由明度决定，明亮的颜色看起来轻，暗沉的颜色看起来重。重的色彩可以让沙发看起来更牢固

色彩的前进感与后退感：色彩的前进感与后退感由色相与明度共同决定。大小、距离相同的不同颜色的色块，会给人不同的前后感受。前进色一般是暖色、明度高的色彩，后退色一般是冷色、明度低的色彩。

前进感与后退感的应用：可以用来调节房间的视觉长度，或强调装饰重点。

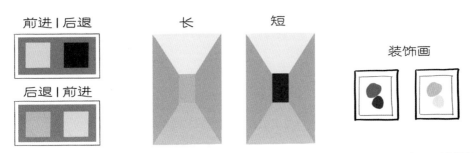

色彩的前进感与后退感由色相和明度决定，前进色让空间显得较长，后退后让空间显得较短，另外还可以用来确定装饰重点

色彩的膨胀感与收缩感：色彩的膨胀感与收缩感由明度决定。明度高的色彩亮，能让空间或物体显得较大；明度低的色彩暗，会让空间或物体显得较小。

膨胀感与收缩感的应用：可以为小空间的墙面涂刷明度高、具有膨胀感的色彩，增大视觉面积；也可以为大空间的墙面涂刷明度低、具有收缩感的色彩，缩小它的视觉面积。若将膨胀色的家具、灯具等软装元素放在小空间里，会显得空间过小；而将收缩色的家具、灯具等软装元素放在大空间里，则会显得空间过大。

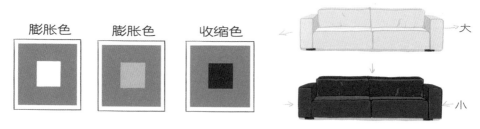

色彩的膨胀感与收缩感由明度决定，白色房间比黑色房间显得更大，浅色沙发比深色沙发显得更大

2. 选对色彩

家里到底适合什么颜色呢？接下来用筛色法，从确定方向、找到喜好色等方面，确定目标、选对色彩。

（1）选对家居配色效果

家居配色效果一般分为 4 个方向：柔和型、对冲型、明朗型、示弱型。我们可以把房间理解成一幅画：房间的地板、墙面、天花板围合的硬装空间就是画布，这块布可以是黑色、白色、灰色或彩色的；而家具、灯具、装饰画等软装元素就是画面，它们代表着大大小小的色块。画布与画面组合在一起，就形成了整个房间给人的第一印象。

① 柔和型

这种配色让空间看起来整洁、统一、温柔、恬静。怎样达到这样的效果呢？首先不论是画布还是画面的色彩都要很轻柔，使其看起来没什么重量；其次画布与画面以及画面各元素之间，在色相、明度和纯度上都不要有特别大的差异。

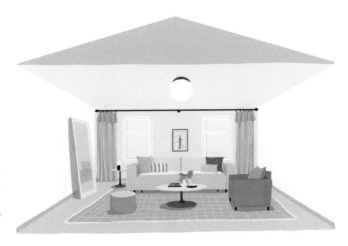

整体配色轻柔
绵软，无攻击
性，使空间看
起来统一、温
柔且恬静

②对冲型

这种配色有力度，空间看上去更有装饰性和艺术感。为达到这种效果，可以在画布和画面上都选择具有明显重量感的色彩，并从色相、明度与纯度中任选一项或多项属性进行对比。需要注意的是，当用在家居中的色彩很有力度时，对空间和人的要求都比较高，不仅需要空间大，还需要业主自身很喜欢这种配色，不然长时间待在此类空间中，会令人感到不适。

整体配色有力
度，兼具装饰
性与艺术感，
但冲击力过大，
更适合小众人群

③ 明朗型

这种配色能让空间显得整齐洁净、一目了然。为达到这种效果，可以选择白色（包括偏白色的颜色）、浅灰色或者让画布色彩轻于画面色彩，也可以为画面选择有重量感的色彩，还可以重点处理软装色彩而不是硬装基础色。这是近几年使用较多、比较适合新手的配色方式。

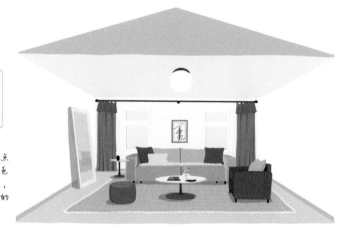

色彩明朗，重点
在于用软装配色
弱化硬装色彩，
适合各种水平的
装饰家

④ 示弱型

这种配色装饰感强、重点突出，有个性又不夸张，比较吸引眼球，但又比对冲型配色更容易被普通人接受。在这种配色关系中，软装色彩不再与硬装基础色做对撞，而是有一定让步。为达到这种效果，画布需选择具有重量感的色彩，画面色彩则选用白色、灰色等中性色，以便减弱画布的刺激感与视觉冲击力。

配色比较吸引眼
球，具有装饰
性，比对冲型
配色更容易被
人接受，个性
不夸张

（2）找到适合的色彩

① 找到自己喜好的色彩

为了后期更好配色，先要明确自己对色彩的好恶。若已经明确，可以直接罗列出来；若不明确，则可以从喜欢的空间图片中提取喜欢的色彩。提取方法很简单，可以借助手机中任意一款色彩软件，把喜欢的空间图片放进去，便可自动提取里面的配色。最好把喜欢和厌恶的色彩以色块的形式罗列好，后面配色的时候会大有用处。此外，不是喜欢的色彩就一定适合家居空间，还需要了解自己对色彩的接受度和空间对色彩的接受度。

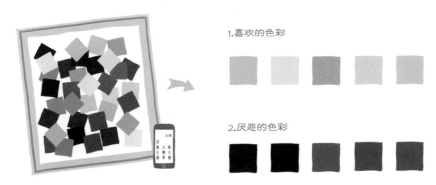

② 了解个人的色彩接受度

喜好的色彩虽然明确了，但不能把它们全部放进房间中，因为色彩之间还存在很多关系，比如色彩之间的比例。每个人对色彩的接受度是不同的，有高、中、低3种。

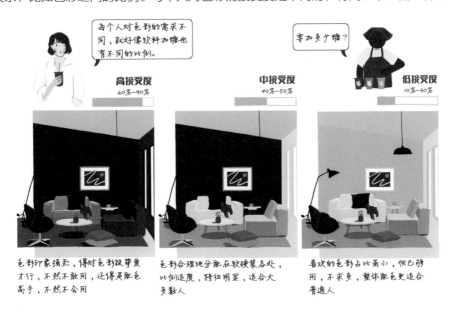

85

③ 了解空间的色彩接受度

个人的色彩接受度很容易判断，但空间的色彩接受度就要用到上一节中学到的色感知识了，需按照空间的大小分别进行判断。

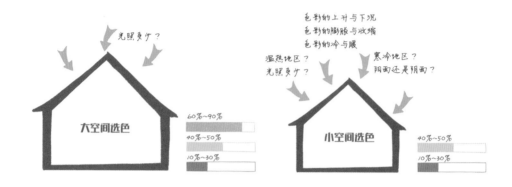

大空间：考虑光照对色彩的影响，色彩的接受比例可以在 10% ～ 90%，通过配色可以达到很好的装饰效果。

小空间：除了考虑光照对色彩的影响，其他条件如色彩的冷与暖、膨胀与收缩、上升与下沉（即色彩的前进与后退，由于这里为垂直方向，因此是上升与下沉）等都会影响空间色彩的接受比例。

用深蓝色举例，色彩本身偏冷，具有明显的收缩感。空间大时，可以接受比较高的色彩比例；空间小时，高接受度直接弃用，中接受度不建议，但勉强可以使用，低接受度则是比较好的选择；如果使用色彩的房间在一个寒冷的阴面，那么果断弃用中接受度，选用 10% ～ 30% 的占比，并在房间中再搭配一些暖色。

（3）厘清家居空间中的色彩关系

选到适合自己和空间的色彩后，需要考虑应用这些色彩的位置。家居空间中有家具、灯具、布艺、装饰品等多种软装元素，如何安排它们，需要了解家居配色中的5类角色以及它们之间的配色关系。

① 家居配色中的5类角色

硬装基础色：墙面、天花板、地面等，即大面积硬装材质的色彩，可类比于画布色彩。

软装主体色：空间中的大色块，一般指大家具，比如沙发、床和餐桌椅等，是空间装饰的重中之重，与硬装基础色一起决定家居配色的方向，可类比于画面色彩。

软装辅助色：空间中的中等色块，比如地毯、布艺、小家具等，起到服务软装主体色的作用，和软装主体色一样，可类比于画面色彩。

硬装点缀色：墙面、天花板、地面中所有小面积硬装材质的色彩，比如线条、角花、把手等，对硬装基础色起到点缀的作用，可类比于画布肌理。有些风格中的硬装点缀色不多，或以黑色、白色、灰色、金色、银色等色彩出现，存在感较弱。

软装点缀色：空间中的小色块，比如装饰画、小摆件和花艺等，它们可以用来修饰软装主体色或辅助色，也可以与硬装点缀色相呼应，同样类比于画面色彩。

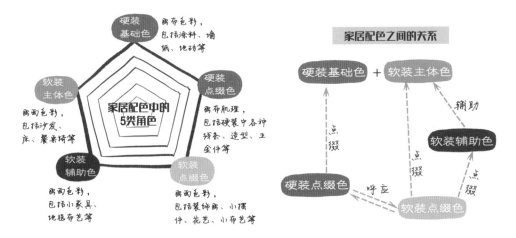

② 家居配色中的主副线关系

硬装基础色和软装主体色决定了配色的方向，软装辅助色用来烘托软装主体色，硬装点缀色和软装点缀色则用来烘托另外3种色彩。5类配色角色相互作用，如同一幅画中的大色块、中色块和小色块，共同组成了家的色彩，缺一不可。

家居配色想要完整，至少需要一条主线，包括完整的 5 类角色相互作用，用来确定基调。还可以添加一条或多条副线，用以丰富家居配色，但每条副线不一定完全包含 5 类角色，主要用于添加个人喜好的色彩或补充主线色调。

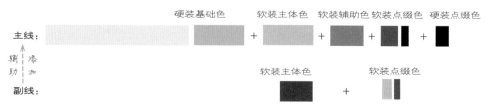

3. 配对色彩的 3 个步骤

进入配色阶段，我们以有着丰富色彩喜好的小 K 为例来讲解配色的过程与方法。图中展示了小 K 及其房间的基础信息。

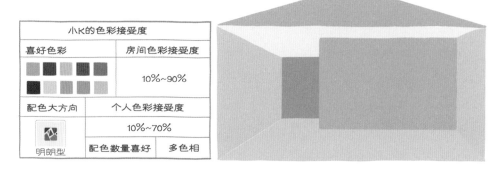

（1）第一步：捋清关系

配色的第一步，是对照基础信息表进行选色，并且捋清色彩关系。

首先，环视房间。小 K 将自己喜好的色彩与色相环对照，得到主要的 4 种色相（紫色、橙色、黄色和绿色），印证了自己的喜好色彩为多色相。然后需要了解这些色彩在色相环中的关系，比如同类色、邻近色、对比色、互补色等。

其次，看配色方向。小 K 喜欢的配色方向是明朗型，因此硬装基础色要弱化，特别是墙面，最好选白色、偏白色或浅灰色；而软装色彩要看上去偏重，明度差明显。此时小 K 想到了自己喜好的深灰紫色。

最后，查看自己的色彩接受度。虽然在填表时，小 K 认为自己的色彩接受度为 10% ~ 70%，但经过分析，其实色彩接受度不超过 50%。

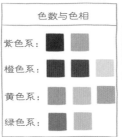
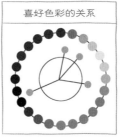
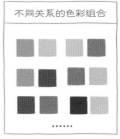

| 喜好色彩 | 色数与色相 | 喜好色彩的关系 | 不同关系的色彩组合 |

色数与色相
紫色系：
橙色系：
黄色系：
绿色系：

不同关系的色彩组合
······

（2）第二步：确定主线色彩关系

　　小K从喜好色彩中挑选出自己喜欢且适合空间的色彩关系，取大关系做相近、小关系做跳跃。以不易出错的浅灰色作为空间的硬装基础色，深灰紫色为软装主体色，再选择一组类似色黄色和橘红色作为软装辅助色和软装点缀色，因此主线色彩是"浅灰色＋深灰紫色＋黄色＋橘红色"。据此，配色走向为明朗型，用橘红色提亮深灰紫色的沙发，墙边搭配白色柜子，最后加上一块具有安全色效果的浅白色有图案的地毯。

　　主线配色时，我们也要注重软装色彩之间的视觉关系，比如沙发上的黄色、橘红色抱枕和白色柜子上的黄色波点靠枕。它们虽然形状、图案不同，但在色彩上相呼应，视觉效果上便能形成一组稳定的三角形色彩线。

| | 硬装基础色 | 软装主体色 | 软装辅助色 | 软装点缀色 | 硬装点缀色 |

主线：

（3）第三步：添加副线色彩关系

确定硬装与主要家具的主线色彩后，为了将其他的喜好色彩应用到家中，在副线安排了深木色的软装辅助色和几个小色块的软装点缀色，现在副线色彩为"深木色＋浅蓝色＋亮黄色＋绿色＋浅粉红色"。深木色用于茶几、边柜和后面的边桌上，点缀色则用于两幅装饰画、装饰品和一些书上，最后再添加琴叶榕和铜钱草提升空间生机。副线配色时，同样要注重软装色彩之间的视觉关系。这比主线的处理要麻烦一些，因为加入空间中的东西更多，且大多是中小型色块。

最终呈现效果如下图所示，副线中的茶几、边几等的色彩和材质与沙发的腿部是相同的；台灯灯罩的颜色与黄沙发上的抱枕颜色相呼应；装饰画是这个房间的点睛之笔，不仅画框与茶几的色彩相呼应，画面中的色彩将主副线里的很多色彩都融合在了一起，画面上的红色与台灯座、抱枕以及花瓶底部的书籍形成了一组四边形色彩线。空间中的每个色彩都不是独立存在的，眼睛可以快速找到配色的秩序。

经过上述 3 步操作，可以搭配出既有对比又有融合的房间配色。利用自己的喜好色彩等进行选色，确定主线后补充副线，层层递进，便能设计出自己喜爱的房间配色。

第三节　如何补救错误的色彩搭配

并不是每个家都能从毛坯房开始选色配色，比如精装修房、二手房和出租房等，一般只有在缺点暴露出来之后才知道配色的重要性，此时只能采取一些补救措施。这就需要先了解色彩补救的逻辑，再运用正确的方法补救错误的色彩搭配。

1. 色彩补救的逻辑

（1）确定目标做取舍

补救，可以改画布色彩，即硬装基础色和硬装点缀色；也可以改画面色彩，即软装主体色、软装辅助色和软装点缀色。虽然软装可以掩盖硬装的部分问题，但有些补救措施必须由 5 类角色共同达成。

不同难度的改动，其修改内容也不同，比如要将美式风格配色的精装修房改成北欧风格的效果，不改变硬装基础色和硬装点缀色就会很难做到。如果画布色彩出错，那么只改画面色彩是不够的。此时可以对照第三章第一节中提到的色彩搭配没有美感的原因，找到自家色彩搭配存在的问题，了解改动难度、修改内容和预算后，确定目标再做取舍。如果没有目标，不如不动。

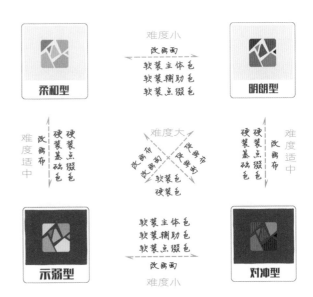

（2）没有捷径有方法

补救家居配色时，需要明确两点：一是家居配色出现错误，一般是由多种原因相互作用造成的；二是一个错误可以通过一种方法或多种方法解决，但不同的错误不能用同一种方法解决。在补救前，需要先找到补救色彩的本质，也就是明确问题是出在选色上还是配色上，再对症下药。要明确问题，可以根据下文中的色量与色彩间的关系，从两方面进行判断。

2. 色彩补救的方法

（1）调整色量

当色彩因为数量或质量出现问题时，可以通过加色、减色、改色的方式调整色彩的色量，但前提是明确调整色量想要达到的效果，比如让空间变得丰富有趣或其他需求。

下面用第三章第一节中展示过的配色常见问题的图示讲解补救方法。

①减色法

即减少多余色彩，将其他色彩进行重组，从而增强色彩之间的联系，形成秩序。此方法可在配色杂乱无联系时采用。

案例操作：先将错误配色中的颜色逐一罗列出来，发现色彩的使用数量过多，需要剔除其中一部分，让整体看起来更和谐；再将剩余颜色进行重组，用沙发抱枕的颜色搭配装饰画的底色，在让色彩统一的同时，也减少了颜色数量。

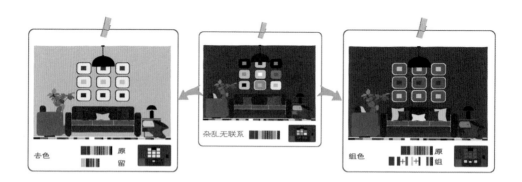

②**改色法**

即通过改面积、改属性而让色彩更加协调，其中改属性是指色彩的 3 种属性和 4 组色感。此方法可在配色冲突不协调时采用。

案例操作：在不改变配色关系的情况下，先修改色彩面积，去掉一部分红色和绿色，改变墙面色和一个沙发色，降低冲突感；再修改属性，降低墙面色的明度和纯度，换成偏暗的绿色，让墙面的温度感降低，此时即使不改变面积，红绿的冲突感也能有所减弱。如果遇到不喜欢的地板颜色，就可以用改色法，用地毯遮盖部分地板，缩小它的色彩面积。

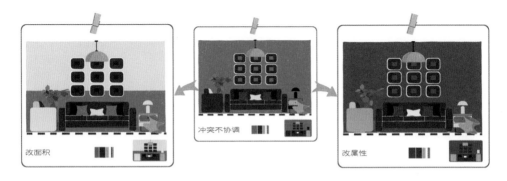

③**加色法**

即在家居配色中适度添加 5 类色彩角色，从而建立更完备的色彩关系。比较稳妥且节省费用的做法是为空间添加中小色块，比如软装辅助色和软装点缀色。此方法可在配色单一无亮点时采用。

案例操作：整个空间中只用黄色这一种色彩，显得很单调。选用一个邻近色彩作为软装点缀色，以小色块的形式加入，让整体显得活泼生动；再尝试中色块的形式，将单人沙发改成邻近色，从而将空间的单色配色变为双色配色，增加配色层次，让整体更和谐。

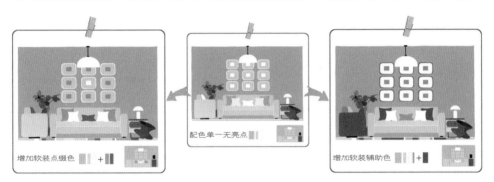

（2）调整色彩间的关系

除了调整色彩的数量和质量、补救不合适的配色，还可以厘清色彩关系，让配色看起来更舒适一些。可以调整的色彩关系包括配色方向与 5 类角色之间的关系、色彩在空间中的位置关系。

① 调整配色角色，改变配色方向

有时喜好的色彩选对了，搭配在一起也没有错，但整体配色就是不喜欢，这种情况一般是配色方向出了问题。同样的色彩安置在不同的 5 类家居色彩角色上，获得的效果也不同，因此应当先确定好自己理想的配色方向后，再进行修改。

② 调整空间中色彩的位置关系

在配色方向和 5 类角色关系合理的情况下，如果对整体效果依然不满意，一般是色彩的位置关系出了问题。此时需要关注两个方面，一是焦点色的位置，二是呼应色的位置。

比如右页图中，左面是改造前的客厅，配色看上去有些单调，因为在视觉中心即 1 号位置，没有可以让人集中注意力的焦点，导致色彩重心下移至沙发，但色彩之间又没有呼应。右面是改造后的客厅，空间中添加了视觉焦点，并且色彩之间也有所呼应。墙

上的装饰画起到了空间中焦点色的作用，软装元素之间的色彩呼应也形成了无形的色彩线，让眼睛随着色彩在空间中有序游走以达到平衡。

改造前诊断
1.视觉中心缺少焦点色
2.色彩重心偏下
3.色彩之间无呼应

改造后点评
1.视觉中心有焦点色
2.色彩从上到下有大小、有层次
3.色彩之间有呼应

第四节　如何选用正确的图案

除了色彩搭配，图案的选择同样会出现很多问题。下面就对如何正确使用图案展开说明。

1. 不同图案的"性格"

图案比色彩难搭配的原因是，它除了色彩还有形状、比例、质感等其他属性，每种图案都有鲜明的特点与气场。使用与空间气场相符的图案进行搭配，就会达到比较好的效果；反之则效果较差。有些图案的气场较强，比如豹纹和斑马纹等，它们会成为视觉中心，要尽量选择中性色与之搭配。可见，认清图案的特点是很重要的。

简单概括一下几种图案的特点：几何图案简约，具有现代感；花鸟植物图案舒缓，具有自然气息；祥云、青花图案绵延，具有中国传统风的感觉；佩斯利、大马士革图案则具有异域风情。

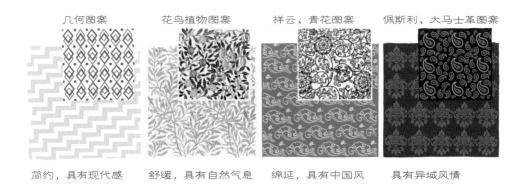

几何图案　　　　　花鸟植物图案　　　　祥云、青花图案　　　佩斯利、大马士革图案

简约，具有现代感　　舒缓，具有自然气息　　绵延，具有中国风　　　具有异域风情

2. 学用"物料板"

认清图案的特点后，还要在选用前将图案放在一起以便看一下效果。比如，可以把自己喜欢的图案、纹理和色彩用手机拍照后再拼在一起，组成"物料板"，这样就可以找到它们的共性，并观察这样搭配是否和谐。

跟设计师学做自家的物料板

3. 图案搭配的方法与实践

因为图案比色彩的特点更鲜明，所以在做搭配设计时，首先要考虑它们之间能否很好地融合，其次要注意图案的数量和种类不要过多。下面介绍图案搭配的 5 种方法，并展示和分析在一个客厅空间中，多种图案进行组合搭配的 5 个层次。

（1）图案搭配的 5 种方法

将图案放在一起之前，先仔细观察它们的特点，然后按照口诀灵活搭配。口诀是："同类同色易搭配，注意比例大小配，复杂图案取单色，强势图案中性色。"

图案搭配的本质是找到图案的共性，目的是达到和谐的效果。同类型、同色彩的图案相对来说更容易搭配，即"同色配（也可以说同类配）"；注意图案之间的比例关系，不同大小的图案相互搭配效果更好，即"大小配"；遇到棘手、复杂的图案，要尽量采用单色搭配，从图案中提取一种色彩做呼应，即"取单色"；遇到强势的图案，则要尽量采用中性色来搭配，即"中性色"。

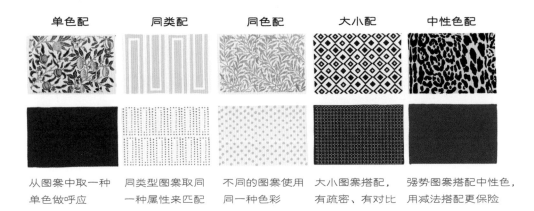

单色配	同类配	同色配	大小配	中性色配
从图案中取一种单色做呼应	同类型图案取同一种属性来匹配	不同的图案使用同一种色彩	大小图案搭配，有疏密、有对比	强势图案搭配中性色，用减法搭配更保险

（2）多种图案组合搭配的 5 个层次

多种图案进行组合搭配时，要注意图案之间的层次。先将各图案放在一起，通过物料板观察图案摆放是否合理，然后再将图案有层次地放入空间中，顺序如下：主图案、单色、同类图案、小图案、肌理。

下面以一个空间效果图为例，解析图案搭配的 5 个层次。

第一层，主图案。一般是空间中所占面积较大或与主题贴近的图案，此处将蓝白色的几何图案用在地毯上。

第二层，单色。选取主图案中的一种色彩用作软装辅助色，以增加整体的稳定性并进行过渡。此处选用地毯中的单色作为单人沙发的颜色。

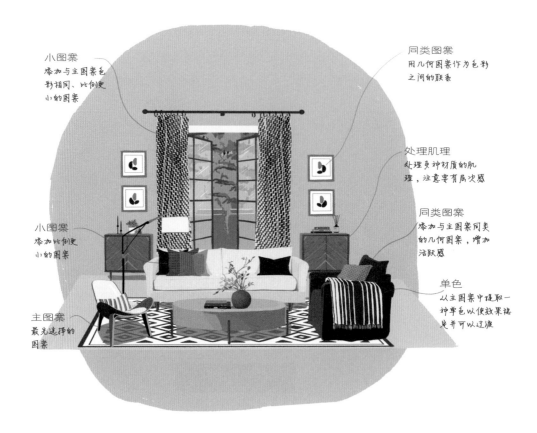

第三层，同类图案。选择与主图案类型相似的图案，比如条纹或格子等几何图案，从而增加活跃度。此处选择条纹图案用到抱枕和披毯上，面积小且有活跃感，同时还有图案大小的对比。用橘色与蓝色搭配，将自由形状的双色配色图案运用到装饰画中，可以打破几何图案过于规整的秩序感。

第四层，小图案。选择小比例的图案可以增加房间的色彩和趣味性。此处将小比例的蓝色条纹用到窗帘、抱枕上。

第五层，肌理。在选择布艺时要注意材料肌理的对比，比如颗粒大与小的对比、材质光滑与粗糙的对比等。此处沙发的细腻和地毯的粗糙就是一组不错的对比。

上面的案例中采用了单色配、同类配、同色配、大小配这4种方法，并运用5个层次将图案放入空间中。图案层次越多、搭配越丰富，难度就越大。其实5个层次不必完全做到，可以根据需求和能力来调整，即使只做到第二个层次，也能达到不错的效果。

第四章

装饰家中的
每一个空间

建筑师路易斯·沙利文说过"形式服从功能"，这说明做设计时要从功能出发，充分考虑装饰空间和装饰对象的需求。

下面从功能入手，梳理每个空间。先介绍具体的操作方法，再以思维导图的形式，针对各个空间的需求，列出相应的软装元素以及空间搭配的注意事项，最后用拼图的方式来展示这个空间搭配的全过程。以"总—分—总"的结构，捋清每个空间的软装思路，帮助大家认清自己想要什么、知道自己正在做什么，以便每个阶段都能保持清醒。

第一节　装饰家的正确开启方法

很多人在装饰家时会问设计师一些类似这样的问题："我家的房间配一个蓝色亚麻窗帘可以吗？沙发上挂这几幅装饰画好看吗？"并希望立刻获得答案。虽然设计师会在工作中积累一些搭配经验，但最终呈现的理想效果往往是设计师经过反复尝试与推敲后得到的。对普通人而言，掌握合理的方法、借助方便使用的工具，是事半功倍的关键。

1. 拼贴法，借用工具做拼贴

经过搜集图片或者在家居卖场实地考察，此时你的手中一定会有很多图片或产品样册。用剪刀或手机中的抠图软件，将自己喜欢的家具、装饰品的图片处理成下图中的样子，再通过拼贴法来判定它们之间的匹配度，从而组合出一个自己喜欢的家。

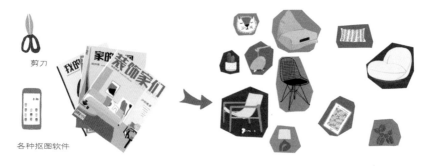

剪刀

各种抠图软件

按照位置关系，将处理好的图片就近摆放，这样就能较为清晰地看出它们之间的匹配度。以打造儿童阅读角为例，选择一个适合儿童的豆袋懒人沙发为主要元素，将适合儿童使用且和懒人沙发相匹配的其他软装元素进行比对，留下其中适合的。组合完毕后，便可以看到这个空间的大致效果。

2. 常见的搭配与调整方法

在使用拼贴法的过程中可以发现，搭配的过程其实也是边搭配边调整的过程，即配调一体。搭配和调整各自有相应的方法，下面各介绍两种基础方法，并在下一节结合各个空间不同的使用场景演示这些方法的使用过程。

（1）空间软装的两种搭配方法

① 菜单式搭配法

用列表格的方式将空间的种类、功能需求以及软装物品进行罗列分析，理性推导后，筛选出适合自己家的软装物品。这种方法可以明确自身及空间的需求，避免在选择时犹豫不决。

玄关软装"菜单"		
玄关类型	功能需求	选配软装物品
独立型	侧重收纳	玄关柜、玄关几、玄关桌、条凳、鼓凳、单椅、沙发椅、镜子、装饰画、绿植、花艺、钟、首饰盒、记事板、收纳筐、旅游纪念品、相框、台灯……
过渡型	收纳、展示并重	
借用型	侧重展示	

② **主配角式搭配法**

参考影视剧的角色定位，将软装元素按体量以及成本占比从大到小排列，分为主角、配角与群演。主角比如大沙发、床、餐桌椅等；配角即辅助型家具，比如茶几、边柜、大面积的布艺窗帘、床品等；群演比如摆件、花艺、装饰画等。

先将空间和主角结合进行搭配，确定风格、色彩、设计走向，再将主角和配角结合进行搭配，最后再安排群演。三种角色相结合，共同搭配出一个令自己满意的家。

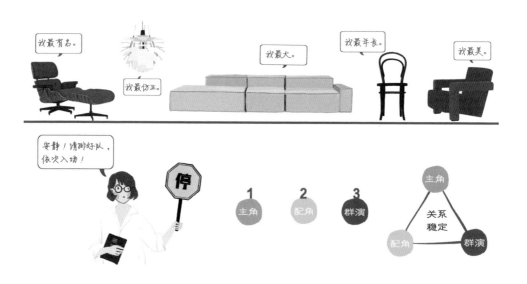

（2）空间软装的两种调整方法

① 构图调整法

整体构图：整体构图和谐，达到对称或均衡的效果，即视觉上稳定。一般中式、新中式、美式、欧式等风格中使用对称较多，而北欧、现代、后现代等风格中使用均衡较多。对称给人的感觉更板正，均衡给人的感觉更舒适，可以按照自己家的定位进行选择。

色彩线：空间中相同或相近的色彩，人脑会自动将它们连在一起，甚至会在连线后形成一定的形状，比如三角形、正方形等。看这些线或形状是否稳定，如果不稳定的话，就需要进行适当地增加或减少。

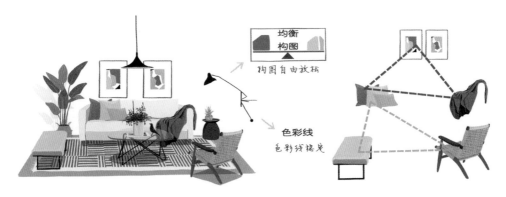

② 细节调整法

从细节观察主角、配角和群演的关系是否和谐，这些细节包括材质、色彩、肌理和图案。让每一样东西的细节在空间中都不是独立存在的，视觉上就会达到更加和谐的效果。

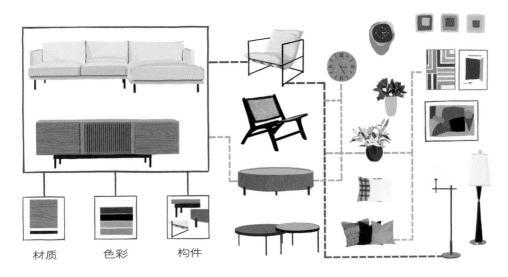

材质　　色彩　　构件

第二节 各个家居空间的软装搭配

1. 玄关的软装搭配

玄关代表着家给人的第一印象。每家的玄关都是不同的，区别在于形状、收纳与装饰的比例，以及个人喜好。下面从玄关的软装思维导图、软装品类、类型与功能几个方面入手，学习一下如何运用搭配方法打造出自己家的"门面"——玄关。

（1）玄关的软装思维导图

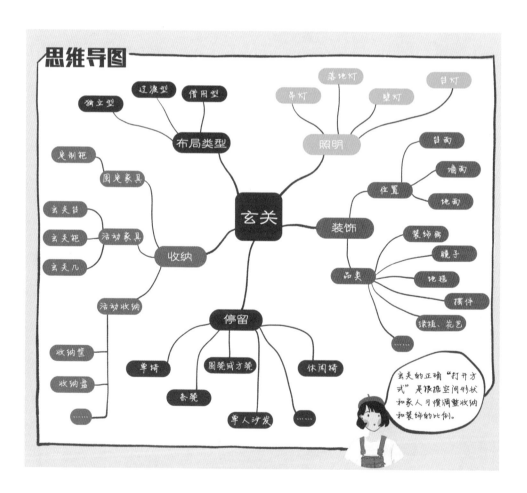

（2）玄关的软装品类

　　通过软装思维导图可以捋顺玄关软装的思路，下一步则要梳理在玄关中常用的家具和装饰品，这样在后面进行搭配时，只需按照自己家的类型、生活习惯和个人喜好，选取适合的风格、款式和色彩即可。

（3）玄关的类型与功能

常见的玄关有三种类型和两种功能，我们需要先了解自家玄关的类型与功能需求后，再进行软装设计。

① 玄关的类型

独立型玄关：入户后有一个门厅，下一个空间才是客厅。这样的玄关空间相对比较独立，设计时只需要与客厅稍加呼应即可。可以在入户门的侧面或对面定制或购买玄关柜，根据需求进行搭配布置。

过渡型玄关：入户后是一个大空间，没有明确的玄关位置。空间足够大，可以选用柜体、屏风或在硬装时增加玄关墙面以分割出玄关空间。这时还要考虑与其他空间的过渡方式，比如可以在色彩和造型上进行呼应。

借用型玄关：入户后直接就是客餐厅，没有独立的玄关空间。因为房型或面积的原因，无法通过分割空间的方式打造玄关，所以一般会借用相近的空间，比如客厅或餐厅的一面墙。这时的软装布置需要同时考虑借用空间的情况。

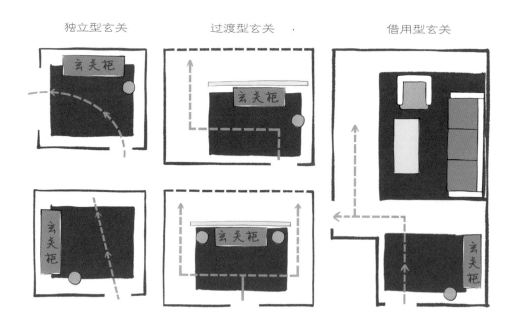

② **玄关的功能**

对于一个家来说，玄关最重要的功能就是收纳与展示。

收纳功能：解决入户后换鞋、挂衣服、放置物品等需求。

展示功能：展示业主的品位、文化气息、屋内气氛等。

这两种功能在玄关中的占比并非 5：5，而是需要根据房子大小和个人需求，将玄关的功能分为三种形式：侧重收纳、收纳与展示并重、侧重展示。往往房子越大，房间中的收纳空间越充足，玄关的展示功能占比就会大于收纳功能。同时也要考虑家庭成员的收纳习惯，习惯好，展示多一些也不会显乱，反之的话还是用柜体收纳起来比较好。

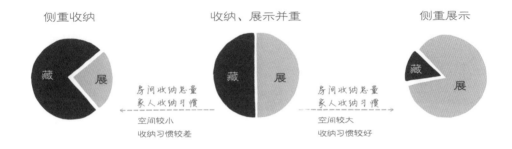

（4）玄关的软装搭配实践

下面以一个常见的独立型且收纳、展示并重的玄关进行搭配演示。需要注意的是，在玄关的软装设计中，家具、装饰品不宜摆放过多。

步骤 1：列"菜单"，定需求。根据玄关的实际情况和需求列出软装"菜单"。

步骤 2：主配角式搭配法。以软装"菜单"，目标房间的效果、色彩和风格为筛选条件，从初选的软装素材中挑选尺寸高、收纳空间大的木制玄关鞋柜作为主角，以此确定玄关的基调。下面安排配角，选择与鞋柜腿部相呼应的黑色金属腿椅子，以及一盏颜色跳跃、可以提升氛围感的台灯。再根据需求安排群演，为了让空间看起来大一些，选用了镜子，并选择枝条舒展的绿植做装饰，此外，还摆放了收纳小碗，以便存取钥匙。把它们用拼贴法放在一起，就形成了最初的玄关搭配效果图。现在看起来虽然整体尚为和谐，但细究之下就会发现，还有很多问题需要调整。

玄关软装"菜单"		
玄关类型	功能需求	选配软装物品
独立型	侧重收纳	玄关柜、玄关几、玄关桌、条凳、鼓凳、单椅、沙发椅、镜子、装饰画、绿植、花艺、钟、首饰盒、记事板、收纳碗、旅游纪念品、相框、台灯……
过渡型	收纳、展示并重	
借用型	侧重展示	

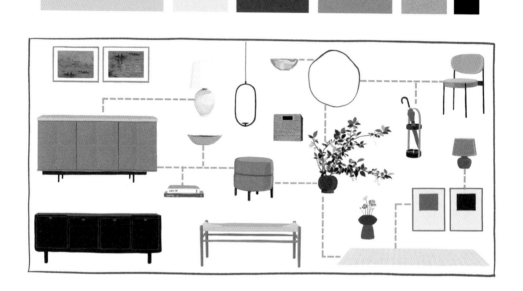

步骤 3：细节调整法。这里出现了三处功能瑕疵：一是灰色单椅虽然外观合适，但坐在上面换鞋、系鞋带有点儿高，不如矮凳子方便，因此用灰色圆凳替代；二是镜子虽然可以起到扩大空间的效果，但正对入户门，开门时人会被镜子吓到，于是将镜子替换成装饰画；三是考虑到雨伞经常无处放置，在玄关柜左侧增设了一款有设计感的伞架，以实现构图的左右平衡。改动后又出现两处不协调：装饰画简洁中带有温婉的气质，但原来选用的色彩跳跃的小台灯和金色的收纳碗就会显得有些突兀，因此将它们换成素雅的白色台灯和木制碗。最后，采用双三角形摆法以平衡柜面构图，就完成了空间搭配。

1.镜子正对门，晚归开门容易被镜子吓到，改为装饰画
2.单椅尺寸高，不便于换鞋，改为圆凳
3.台灯改为白色高款，与装饰画更协调
4.金色收纳筐改为木制，与空间风格更搭配
5.添加伞架，构图平衡又好用

2. 客厅的软装搭配

每个家的客厅格局、大小和使用需求都不同，而且客厅本身功能需求多、使用频率高，因此软装搭配较为复杂，需要解决的问题也比较多。下面梳理客厅软装的思维导图，介绍客厅常见的软装品类，并从客厅的功能类型、家具的摆放形式、搭配思路等方面将客厅软装进行拆解。

（1）客厅的软装思维导图

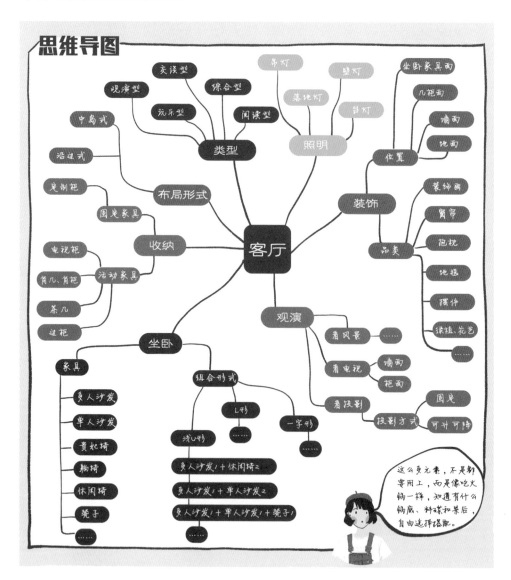

（2）客厅的软装品类

从大沙发到小摆件，客厅是家居元素较多较乱的空间。我们不仅需要用思维导图捋清思路，还要了解常规的客厅软装品类，才能做好软装搭配。下面列出常用的软装品类以供大家参考，包括沙发、茶几、椅、柜等。

双人沙发

吊灯

异形沙发

休闲椅

懒人沙发

单茶几

装饰画

转角沙发

壁灯

台灯

抱枕

盒几

绿植

落地灯

单人沙发椅

电视柜

模块沙发（可自由搬动、组合）

花艺

边柜、边几

地毯

躺椅　（脚凳）

长躺椅

窗帘

（3）客厅的类型与需求

从家居各空间的关系来看，客厅可以分为独立型和枢纽型。独立型客厅是一个独立的、不与其他空间产生交集的空间，但这样的户型比较少见。枢纽型客厅更为常见，是家庭的中心、枢纽，连接着其他空间，比如餐厅、阳台等，装饰时不仅要考虑客厅本身的功能，还要留出便于行走的空间，同时需要在搭配上呼应其他相连的空间。

枢纽型客厅的家具摆放有两种常见形式：一种是像岛屿一样放在中间，称为"中岛式"；另一种是靠近一面墙进行摆放，称为"沿边式"。沿边式只有一条交通线，而中岛式的四周都是交通线，因此摆放相同尺寸的家具时需要更大的空间。可见，选择摆放形式时主要考虑的是房间大小。

下面介绍一下客厅家具常见的 8 种组合形式和客厅常见的 5 种类型，在本书最后的附录部分还有家具尺寸图可以参考。

① 客厅家具常见的 8 种组合形式

按围合形式分类，客厅家具有 8 种常见的组合形式，包括一字形、平行形、折角形、对角形、浅 U 形、深 U 形、口字形和圆弧形，其中浅 U 形的"3+1+1"组合是较为常见的。大家可以根据自己的需求，从软装品类示意图中挑选出家具，将它们以适合空间的形式组合在一起。

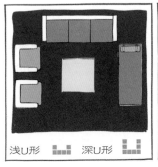

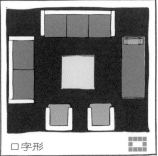

浅U形　　深U形　　　　口字形　　　　　圆弧形

② 客厅常见的 5 种类型

根据不同需求，客厅可以分为 5 种类型，包括观演型、交谈型、玩乐型、阅读型和综合型，家具的选择和摆放位置在不同类型的客厅中也不相同。

观演型客厅：常见的客厅类型，有一个视觉中心，可以是电视机或投影幕布，此类客厅的主要需求是放松。大家可以根据房间大小，从一字形、折角形或浅 U 形中选择家具组合形式。一般可以根据需要在座位前或旁边布置茶几、角几，在视觉中心的下方也会相应布置电视柜等家具。

观演型客厅

交谈型客厅：不放电视机和投影幕布，没有电视背景墙，可以摆放一个电视柜用来收纳和展示。此类客厅的主要需求是聊天交流和休闲，其适合的家具摆放形式是口字形和一字形，一般在中间摆放茶几，茶几上不要摆放过高的装饰品，以免遮挡视线。

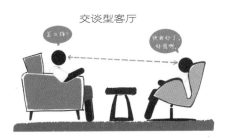

交谈型客厅

玩乐型客厅：此类客厅的主要需求是玩耍，家庭成员可以在客厅的中间区域做游戏、练瑜伽。可以通过留出空间或铺设地毯的方式制造区域感，一般搭配活动茶几或不安排茶几。常用的组合形式以不挡路、无遮挡的一字形、折角形、对角形为主。

玩乐型客厅

阅读型客厅：若家庭主要成员有阅读习惯，就可以将客厅空间升级为"图书阅览室"。可以在其中摆放大型书柜，一般不摆放电视机，但可以设置能收起的投影幕布。客厅家具的 8 种组合形式都适用，可根据空间大小和个人喜好进行选择。

阅读型客厅

综合型客厅：可以将此类客厅理解为前面几种客厅类型的总和，特点是利用率高。为适应家人在不同时期的不同需求，可选用灵活可变的家具，比如可升降的投影幕布和可移动的茶几等。为扩大客厅的使用空间，还可以将相邻的阳台作为客厅的延续空间来使用。

综合型客厅

（4）客厅的软装搭配实践

下面以观演型客厅为例，对客厅软装的搭配进行演示。

步骤1：列"菜单"，定需求。 根据客厅的实际情况和需求列出客厅的软装"菜单"。

步骤2：主配角式搭配法。 以软装"菜单"，目标房间的效果、色彩或风格为筛选条件，从初选的软装素材中选出一张可坐可躺的转角沙发，确定客厅的基调；下面安排配角，选用圆形木制铁艺腿茶几、木制铁艺腿电视柜、铁艺落地灯和吊灯、蓝色白边地毯；再根据需求安排群演，用色彩与形状串联整个空间，让主角与配角的关系更协调有生机，比如装饰画、小摆件、抱枕等。

客厅软装"菜单"			
客厅类型	**家具组合形式**	**摆放位置**	**选配软装物品**
观演型	一字形、平行形、对角形、折角形、浅U形、深U形、口字形、圆弧形	沿边式	单人沙发、多人沙发、转角沙发、折角沙发、休闲沙发(椅)、鼓凳茶几、边几　角几、电视柜、摆件、装饰画、绿植、花艺、吊灯、台灯、落地灯……
交谈型			
玩乐型		中岛式	
阅读型			
综合型			

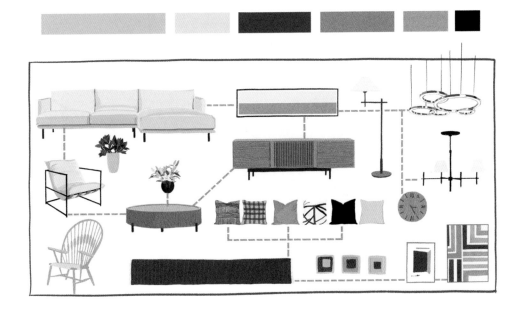

　　步骤3：细节调整法。在搭配过程中进行调整，剔除与搭配目标不符的物品，比如孔雀椅、色彩艳丽的色块画和抱枕等。检查组合在一起的软装物品在细节上是否彼此呼应，比如家具的脚是否相对统一、色彩线是否稳定等。一般情况下，前面搭配和调整是同时进行的话，到这里就不会有大的方向性问题，只有一些细节问题，比如挑选抱枕、摆放装饰品、悬挂装饰画等，这些方法可以在本书第二章中找到。

　　在客厅的软装搭配效果演示中，可以按个人喜好进行调整。比如将吊灯换成与落地灯统一的款式，以及在沙发右侧的角几上摆放装饰品，让整体构图更和谐。还可以调整一些细节，比如在沙发上放一条用于配色的披毯；在花瓶下面加一个垫子，再搭配两个小鸟摆件；最后挑选一株造型优美的百合，为家中增添生气。

1.调吊灯，换成材质、色彩与落地灯更呼应的款式
2.调沙发，增加披毯，让色彩更跳跃，在边几上添加小摆件，平衡构图与色彩
3.调花瓶色彩和茶几摆件构图，使其错落有致
4.添加植物，增添空间生气

3. 卧室的软装搭配

卧室是比较私密的空间，可以只从自己的需求出发进行搭配，尽量简化功能。大多数情况下，因家中空间有限，卧室除了睡眠功能，还需要承担一部分其他功能，比如兼作化妆间、阅读角等。

（1）卧室的软装思维导图

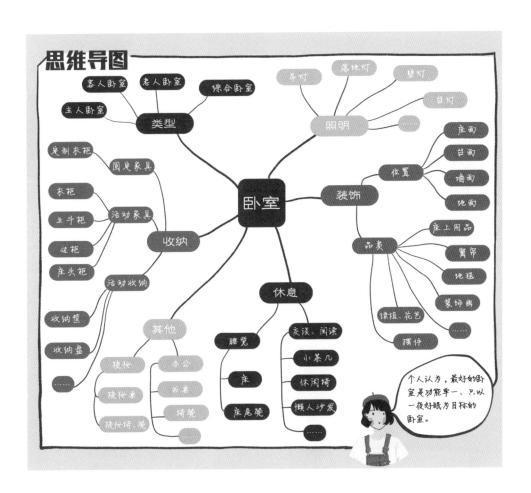

（2）卧室的软装品类

卧室软装元素主要是围绕床进行装饰、照明，以及收纳的选配与布置的。这里按床的常见种类来进行示意。常出现的是高低屏床，使用木制、铁艺、皮质等多种材质，造型也很丰富，现在基本使用的是简化版，比如弱化床尾、只留下床头背板的雪橇床，去除床头和床尾的平台床等。此外，可根据需要选择适合的床，比如：若空间高度足够且需要安全感，可以选择四柱床；有两个小孩但空间小，可以选择双层床；想灵活利用空间，可以选择沙发床等。确定床的材质、色彩和功能后，就等于确定了整个卧室的软装基调。

装饰画　吊灯　台灯　平台床
落地灯　高低屏床（简化床尾板）　高低屏床　床尾凳
床品　绿植　床头柜　雪橇床
双层床　边几　梳妆台　花艺　四柱床
沙发床　休闲椅　躺椅

（3）卧室的类型与需求

一般来说，小卧室会采用沿角式布置床位，常规卧室则会沿边式摆放。在确定床的类型后，就可以根据需求添加床头柜、床尾凳、电视柜等软装配角了。按照面积大小和功能多少，卧室可布置为简约版、基础版和豪华版。

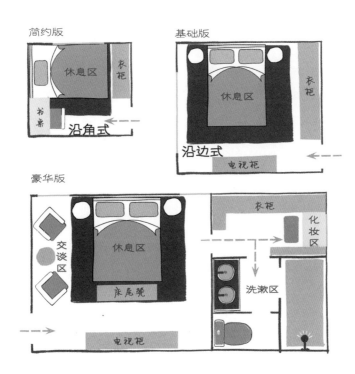

从家居各空间之间的关系来看，卧室基本都是封闭的独立空间，对私密、安全、舒适、安静的需求比较高，功能需求相对简单。但因为使用者不同、需求不同，所以布局的侧重点也会有所区别。常见的卧室类型有主人卧室、客人卧室、老人卧室和综合卧室。

① 主人卧室

在家中其他空间足够的情况下，卧室只需围绕睡眠功能安排软装元素即可，尽量不要增加其他功能，比如家居办公、绘画、游戏等。可以按睡前习惯布置临时放置衣物的床尾凳、踩上去舒适的地毯、遮光性较好的窗帘等。因为使用者明确，空间又具有一定的私密性，所以在软装装饰上可以更加突出个人喜好，不用考虑太多他人的想法。

② 客人卧室

客卧是家中较为灵活机动的房间，每个家庭对其使用功能的设置也不同。若室内空间充足，此空间可以一直作为客卧使用；若室内空间有限，此空间还需要充当书房、休闲室等。因此在布置客卧的时候，在布局上往往会使用一些灵活可变（比如折叠式）的家具，方便根据不同需求做改变。装饰上不讲求过于个性化，一般偏向普通人的喜好或偏向经常使用者的喜好即可。

③ 老人卧室

和儿童房一样，老人卧室是具有成长性质的房间，但更关注、更需要考虑的是长辈逐渐衰老后面临的各种问题。考虑后期老人可能有家人护理以及使用轮椅出入的需求，老人卧室应比普通卧室的空间尺寸略大；考虑后期老人行动不便，需要在卧室中安装扶手，并留出不便外出时的活动区域；考虑老人睡眠质量下滑，需要做好隔声，可采用双床布局，保证彼此不打扰；考虑老人无法登高和不便蹲下的身体特点，需要在收纳上注意存放的高度等。在安全性、舒适性和预见性三者满足的基础上，再考虑美观性。

④ 综合卧室

这个空间是具有综合功能的房间。在家居空间不足的时候，卧室需要兼顾办公、阅读、化妆等功能；在只租住一个单间时，卧室基本涵盖了整个家的功能，需要具备睡眠、办公、学习、会客、用餐甚至是烹饪的功能。处理这种综合型的卧室，难度是四类卧室中最高的。大家可以坚持两点：一是充分利用空间，通过灵活的空间规划和家具安排实现各项功能；二是保护心理空间，比如可以用隔断划分区域或用地面铺贴、灯光等做心理暗示，让生活、工作和其他活动的区域与睡眠区域分离。

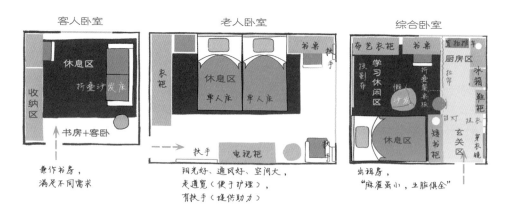

（4）卧室的软装搭配实践

下面以常见的基础版卧室为例，进行搭配演示。

步骤1：列"菜单"，定需求。 根据卧室的实际情况和需求列出软装"菜单"。

步骤2：主配角式搭配法。 用软装"菜单"和目标房间的效果、色彩、风格作为筛选条件，从初选的软装素材中选出主角，即一张基础款灰色布艺床，以此确定卧室的基调，为后期的搭配留出很大空间。然后安排配角和群演，根据喜好为床搭配两个木制床头柜、一把木制框架休闲椅和三盏不同的灯具。

卧室软装"菜单"		
卧室类型	**摆放位置**	**选配软装物品**
主人卧室	沿边式	床、床头柜、衣柜、五斗柜、休闲椅、鼓凳、装饰画、吊灯、绿植、花艺、钟、收纳筐、落地灯、相框、台灯……
客人卧室		
老人卧室	沿角式	
综合卧室		

步骤 3：**细节调整法。** 在搭配的过程中进行了 4 处调整。第一处是吊灯，为了较好的睡眠效果，吊灯不需要过亮，因此要改为向上打光，可更换为漫反射灯具，同时造型上呼应装饰画。第二处是床尾凳，虽然两把折叠款的床尾凳与整体色彩很和谐，但从使用角度考虑，更换了更舒适的长条软凳，上面的装饰带与长枕头的色彩呼应，软凳腿部材质与吊灯相同。第三处是装饰画，换一幅色块比例和亮度更适合的。第四处是窗帘，原来的棕色虽然也比较协调，但拉上窗帘后，大面积过暖的色彩容易使人兴奋，因此换成深蓝色，更有利于助眠。最后，在画面中加上了家居生活中的拖鞋和狗，显得更加生活化。

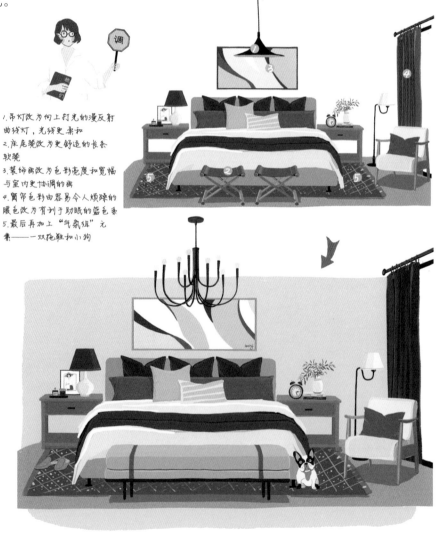

1.吊灯改为向上打光的漫反射曲线灯，光线更柔和
2.床尾凳改为更舒适的长条软凳
3.装饰画改为色彩亮度和宽幅与室内更协调的画
4.窗帘色彩由容易令人烦躁的暖色改为有利于助眠的蓝色系
5.最后再加上"气氛组"元素——一双拖鞋和小狗

4. 儿童房的软装搭配

在一个家中，儿童房的软装较为灵活且后期变化较大，要适应儿童不同时期的需求。大家对儿童房的固有思维是强烈的主题、独特的色彩、特定尺寸的家具，但儿童成长速度快、喜好不断变化，因此打造一间能跟随孩子成长的养成型儿童房很重要，合理的软装需要做到伴随孩子成长。

（1）儿童房的软装思维导图

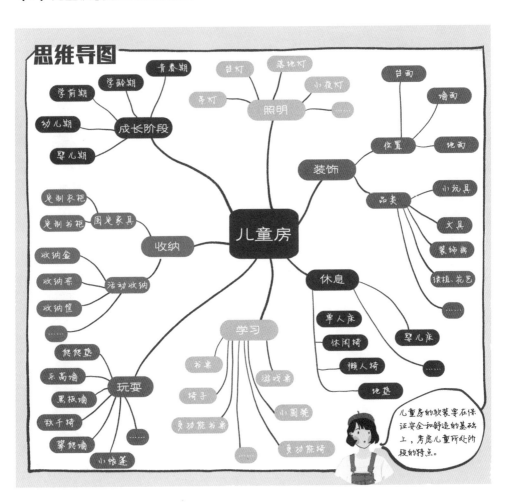

（2）儿童房的软装品类

儿童房的软装元素构成主要是围绕床进行装饰、照明，以及收纳的选配与布置。这里按照常用的床类、桌椅类等进行示意。

（3）儿童房的布局与软装特点

儿童的成长有规律、有阶段，孩子在出生时就已经有自己的秩序感，同时也有一定的审美能力。儿童房不仅是孩子生活学习的空间，也是他们养成良好习惯的重要场所，了解孩子每个阶段的不同特点才能做好搭配。

① 成长型儿童房的阶段需求与平面布局

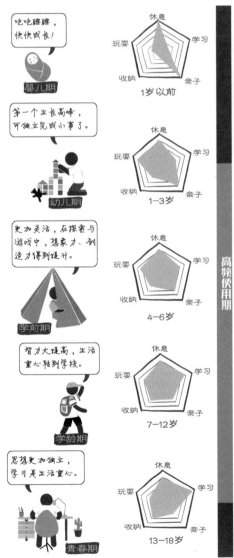

保持房间空白，中心铺设地垫便于爬动玩耍，一组衣柜用于存放衣物，一侧放置透明收纳盒用于存放玩具，低矮可见。

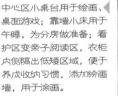

中心区小桌台用于绘画、桌面游戏；靠墙小床用于午睡，为分房做准备；看护区变亲子阅读区，衣柜内侧隔出低矮区域，便于养成收纳习惯，添加绘画墙，用于涂画。

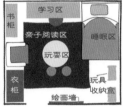

增加写字桌椅，养成正确书写姿态，添加一组小书柜，确定阅读区域。移动收纳盒，用于收纳玩具。

添加一组衣柜，处理好内部格局，便于存取衣物。添加一组高展示柜，高处用于收集、展示物品、书籍等；绘画墙可留出高处，展示孩子的高光时刻。

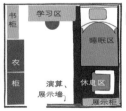

改动衣柜的活动隔板，以使其适合儿童的身高、衣长；亲子阅读减少，给予孩子更多的独立、独处空间与时间。黑板墙用于演算、展示，也可变成留言沟通墙。

按照国际标准，18 岁以下都是儿童，其间可分为 5 个阶段：婴儿期、幼儿期、学前期、学龄期、青春期。儿童房可以满足孩子的 5 种需求：休息、学习、玩耍、收纳、亲子。在孩子的成长过程中，除了生理、心理会发生变化，各阶段中 5 种需求所占的比例也不同。因此，儿童房家具组合形式、装饰、灯具等软装最好不要一次做满，而是逐步添加与调换。这样的布局方法可满足儿童房在功能上成长与伴随的需求。

并不是每家都能从婴儿期开始做儿童房，可以按照儿童不同年龄阶段的需求进行布局，满足功能后再解决美观的问题。要做出伴随成长且美观的儿童房，不能只想如何长久保持，而是应该考虑如何在安全、经济、不大幅改变硬装的基础上，让房间的功能、色彩和主题易于变化，这才是关键。

② 成长型儿童房的软装色彩

孩子虽然对颜色敏感，但对色彩的喜好还未固定，而且个体差异也较大，因此儿童房前期的选色与调色很重要。

选色：可以通过观察孩子使用各种颜色画笔的频率，或和孩子交流以便了解他们喜好的颜色。一般来说，得到的答案大多是一些活泼大胆的色彩，能够帮助我们初步确定色彩方向。接下来运用第三章的内容调整色彩，便可获得适合孩子的儿童房。

调色 1：改变色彩属性。找到色彩后，在色相卡中挑选加白或加灰后的色彩，这样可以保持色相不变，但改变纯度和明度，把活泼大胆的色彩（大胆色）变得柔和一些。将色彩运用为硬装基础色，让儿童房的氛围更加安静，更适合休息、学习和玩耍。然后再将大胆色运用为软装点缀色，比如玩具、小装饰品等，让色彩间彼此呼应，且有跳跃的活泼感。

调色 2：改变色彩面积。选择中性色中的白色、浅灰色作为硬装基础色，而利用软装色彩来满足孩子的喜好，把色调强烈、鲜明的色彩留在小家具、床上用品和装饰品上。孩子的喜好会随着成长变换，以后只需要通过更换软装中的中小色块，就可以达到伴随成长的目的。

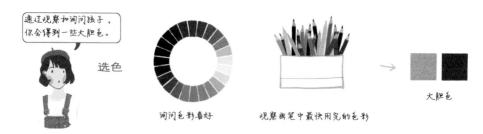

通过观察和询问孩子，你会得到一些大胆色。

选色

询问色彩喜好　　　　观察画笔中最快用完的色彩　　　　大胆色

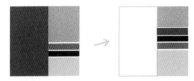

1.改属性

艳丽的大胆色不适合大面积出现在居室空间，
改变它们的3个色彩属性，让它们变得温柔一些

2.改面积

缩小这些大胆色在居室空间中的使用面积，
从硬装基础色变成软装辅助色、软装点缀色等

③ 成长型儿童房的软装主题

以主题来搭配房间其实是很好的切入点，更容易设计出独特且效果好的房间。但儿童房有别于其他房间，因为孩子的喜好还不稳定，会随着成长而变化，所以要想让主题使用得长久，就需要注意主题的内容、比例和布置的位置。

主题的内容：儿童房的常见主题内容是动画片、玩偶以及自然界的星空、动植物等。在选择上要尽量避免追赶潮流，比如新的动画片、游戏元素等；相比较之下，自然界中的动物、植物和生活中孩子的喜好物品等主题内容，使用的时间会更长一些。

主题的比例和位置：主题难免会有看腻的时候，想要使其伴随孩子成长，需要主题可灵活变动且更换代价小。尽量不要把主题元素或者图案用在硬装和家具如墙面、床、写字台、定制柜上，而是要把它们用在容易更改的软装上，比如窗帘、床品、装饰摆件等，这样更换起来比较容易，单价也不高。但也不能在所有软装元素上都使用主题元素，彼此之间有呼应即可。比如床上用品有体现主题的卡通图案，台面上再搭配一些玩偶即可。

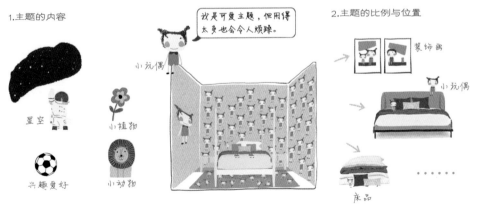

1.主题的内容

我是可爱主题，但用得太多也令人烦躁。

小玩偶

星空

小植物

兴趣爱好

小动物

避免追赶潮流，自然界中的星空、
动物、植物等主题内容使用更长久

2.主题的比例与位置

装饰画

小玩偶

床品

尽量不用在墙面、固定家具、大家具
上，可用在窗帘、床品、各类装饰品中

（4）儿童房的软装搭配实践

下面以一个幼儿期的男孩作为儿童房的使用对象，以小狮子为主题，展示儿童房的软装搭配案例。

步骤1：列"菜单"，定需求。根据儿童房的实际情况和需求列出软装"菜单"。

步骤2：主配角式搭配法。用软装"菜单"和目标房间效果、色彩、风格作为筛选条件，从初选的软装素材中选出一张灰色单人床，结合之前硬装采用的双色墙面，以此确定儿童房基调。下面安排配角，根据这个年龄阶段玩耍、学习、休息、亲子和收纳的需求比例，选定一套莫兰迪色系的玩具桌椅、一张懒人沙发、一个绘本架、一盏便于阅读的落地灯，以及一块狮子图案的圆形地毯。再根据主题和色彩需要安排群演，选择彩色小挂旗、狮子靠枕、挂画、星星抱枕等物品。

儿童房软装"菜单"		
儿童房阶段	功能需求	选配软装物品
婴儿期	玩耍	儿童床、写字桌、玩具桌、懒人沙发、单椅、装饰画、绿植、花艺、闹钟、玩具、收纳箩、收纳盒、斗柜、吊灯、相框、落地灯、小帐篷、地毯……
幼儿期	学习	
学前期	休息	
学龄期	亲子	
青春期	收纳	

　　步骤3：细节调整法。在搭配的过程中进行调整，根据孩子的需求将游戏桌调整为小帐篷，增加一个小狮子造型的摇摇马。根据主题，把床上用品调整成同一颜色，在冬日看起来会更加温暖。但调整后发现色彩过于单一，于是从星星抱枕中提取蓝色，放在小挂旗上。最后调整窗帘，虽然窗帘色彩与主题契合，但放在孩子房间会略显沉闷，于是从懒人沙发中提取黄色，为窗帘增加一种色彩。环视整个空间，硬装上无任何年龄印记，所有与年龄相关的色彩与主题都体现在可移动和更换的软装上，整个空间配色活泼、主题明确，符合该年龄段儿童对休息、玩耍和亲子的主要需求，以及对学习、收纳的次要需求。

1.将玩具桌改为孩子更想要的小帐篷

2.根据小狮子的主题色彩，调整床品色彩

3.让小挂旗的色彩呼应星星抱枕的颜色，为房间加一抹亮色

4.将窗帘改为AB窗帘，提亮配色，呼应主题色

5.将摇摇马的造型从鳄鱼改为狮子，呼应主题，增强房间的游乐性

5. 书房（小型居家办公空间）的软装搭配

书房可以用作全家人的小型居家办公空间。结合不同家庭的情况，书房有时也不再是独立的封闭空间。无论是用于阅读、学习还是工作，无论空间是封闭还是开敞，它的搭配重点都是要围绕健康与高效来考虑。健康是基础，高效是目的，若能更快更好地工作与学习，就能更好地享受生活。

（1）书房的软装思维导图

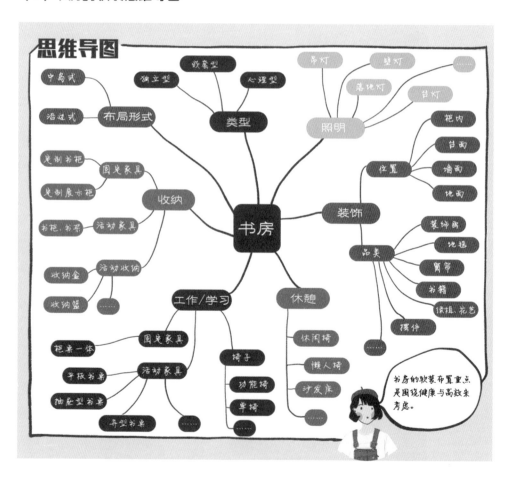

（2）书房的软装品类

书房软装元素主要是围绕书桌进行装饰、照明，以及书籍等物品的收纳、选配与布置。这里按照常用的桌类、椅类、柜类等进行示意。

吊灯　　台灯　　单椅　　平板书桌

办公椅　　抽屉型书桌　　装饰画

台灯　　异型书桌　　小摆件　　文具　　办公椅

懒人沙发　　书籍　　花艺

小绿植

折叠沙发床　　书柜、书架

（3）书房的类型与需求

不管是办公还是学习，居家与在公司、学校的主要区别就在于居家时容易受到打扰，容易把工作、学习与生活掺合在一起，从而降低效率。根据家中可支配空间的大小和个人专注度的不同，书房可分为3种常见类型和3个区域，下面具体介绍一下。

① 书房的3种常见类型

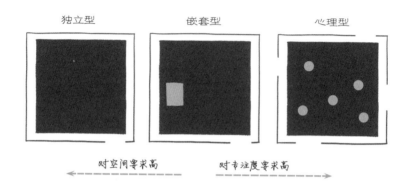

独立型：是与家中其他空间无交集的独立空间，能够很好地隔绝各种干扰，有良好的书籍收纳功能，一般配备较为齐全的办公设备，关上门就可以工作，打开门就是日常生活。按照家具的摆放形式，可以将独立型书房分为中岛式和沿边式两种：中岛式即办公桌椅在空间中心摆放，沿边式即办公桌椅沿墙面摆放。中岛式正面对门，把后背留给墙面，比沿边式更有安全感，但无论哪种方式，都需要考虑窗外光线在电脑屏幕产生反光的问题。

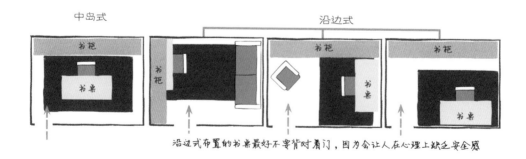

沿边式布置的书桌最好不要背对着门，因为会让人在心理上缺乏安全感

不过，很多家庭在装修前从未想过会有居家办公的需求或面临家中空间不足的问题，这时就需要挖掘已有的空间，于是就有了嵌套型和心理型书房。

嵌套型：在家中原有的封闭空间中建立子空间，比如借用阳台、卧室等空间打造办公空间。这种空间虽然嵌套在其他空间内，但相对来说比较独立且固定。比如在卧室中布置的办公空间，关上门它只和卧室这个空间有关系，可以隔绝卧室以外的打扰。除了放置一般的工作桌椅，还可以尝试在柜体中打造使用完毕后能够灵活隐藏的办公区域，这样能够在心理上更好地区隔办公与生活的界限。

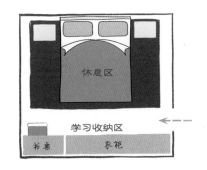

心理型：将家中某些时段闲置的空间用作办公空间。这个"闲置"既可以对空间而言，又可以对时间而言，比如餐厅非进餐时间的餐桌、客厅非聚会时的茶几，以及可灵活折叠的小桌板等。这很考验专注度，因为抬头就可能看到晾晒的衣物、走过的家人，还会听到各种声音，容易影响工作、学习的效率，需要有适应的时间。大家可根据自身情况寻找合适的空间。

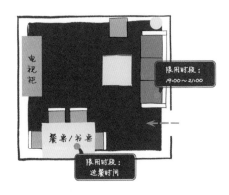

② 书房的 3 个区域

姿势会影响我们办公、学习的效率和健康，因此打造令人舒适且能保持正确姿势的书房十分重要。根据需求，可将书房分为 3 个区域：健康的核心工作（学习）区、整洁有条理的置物区、恰到好处的休息区。

居家办公的各种非常规姿势

俯卧姿势

这些姿势一言难尽，不建议使用……

休闲姿势　　　　　"禅修"姿势

健康的核心工作（学习）区：学习或工作区使用的桌椅要符合人体工程学，桌椅的高度、比例要合适，椅子要贴合背部曲线、让腰部有支撑，并保证身体正常倚靠且前后自由倾斜，从而减少腿部压力。使用电脑时，其在书桌上的摆放要保证与人眼有合适的距离，并且视线与电脑屏幕的夹角在30°以内，笔记本电脑或平板电脑则需要使用其他辅助工具来达到这种效果。如果是站立式办公或学习，需要搭配可以调节高度的桌子，保证站立时头部、手肘处于合适的角度。另外，无论办公还是学习，都不能久坐久站，办公区要保证适度的休息与活动。

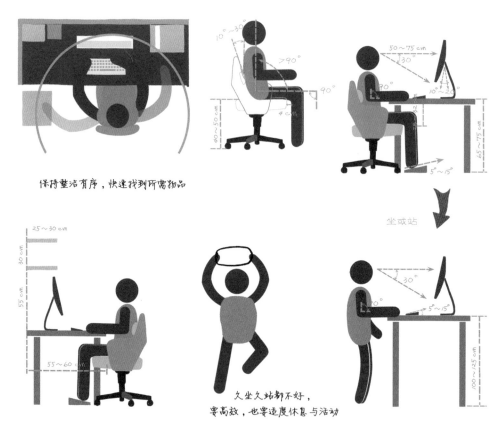

保持整洁有序，快速找到所需物品

坐或站

久坐久站都不好，要高效，也要适度休息与活动

整洁有条理的置物区：各区域要有良好的横向与纵向收纳，让空间井井有条。横向收纳指桌面上或沿着桌面水平方向进行的收纳，文具、文件这类物品是经常使用的，可以用收纳盒或托盘进行开放式收纳，使其能触手可及。纵向收纳是指垂直于地面的柜体或墙面上的搁板，可以收纳书籍、办公设备等，使物品可以在固定的位置摆放整齐，电子设备的线路也更加有条理。

恰到好处的休息区：布置的重点是让人在高效地完成工作后，可以适度休闲和短暂休憩，将生活与学习、工作分开，并起到提醒作用。一把小巧的休闲椅、一张便捷的懒人沙发，甚至一条拉伸带，都可以起到这样的作用。总之，只要符合自己的休息习惯即可。

（4）书房的软装搭配实践

下面以常见的独立型沿边式书房为例，搭配一个可供两人同时使用的办公和学习空间。

步骤1：列"菜单"，定需求。根据书房的实际情况和需求列出软装"菜单"。

步骤2：主配角式搭配法。用软装"菜单"和目标房间的效果、色彩、风格作为筛选条件，从初选的软装素材中选出主角，即一张白色与木色结合的抽屉式书桌、两把时尚的铁艺椅子。然后选择配角，即黑色的吊灯与台灯、一张棕色懒人沙发。最后选择群演，即一些小植物、猴子摆件、办公用品等。

书房软装"菜单"		
书房类型	**布局形式**	**选配软装物品**
独立型	中岛式	书桌、办公椅、单椅、凳子、文具用品、休闲椅、小摆件、装饰画、绿植、花艺、吊灯、台灯、洞洞板、懒人沙发、折叠沙发、小茶几……
嵌套型		
心理型	沿边式	

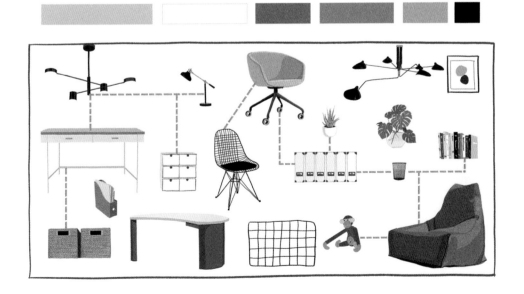

步骤3：**细节调整法。**在搭配过程中，从实用角度考虑，做出两处调整。第一处是将开敞书柜顶部的收纳筐和文件夹改为封闭式柜子，虽然不如之前看起来透气，但使用起来不易积灰，更加整洁。第二处是椅子，虽然铁艺椅子的色彩和材质都与空间非常协调，但无法调整高度，也没有扶手，不够方便。于是更换成包裹性和支撑性更好的办公椅，同时，其中一个椅子使用暖黄色，也可以减弱办公空间的严肃感。

1.将开敞书柜上的收纳筐和文件夹改为封闭式柜子，整洁易打扫
2.将无扶手的椅子改为有调节功能的扶手椅，包裹感好，而且灵活

6. 餐厅的软装搭配

餐厅是家中不可替代的空间，餐桌上承载着我们对家的记忆，无论空间大小，都能让人感受到家的温暖。有些家庭的餐厅同时也是孩子写作业、大人工作和招待朋友的场所，洁净的桌面、舒适的座椅、便于存取的用具、清晰的照明，都能提升餐厅的舒适度。

（1）餐厅的软装思维导图

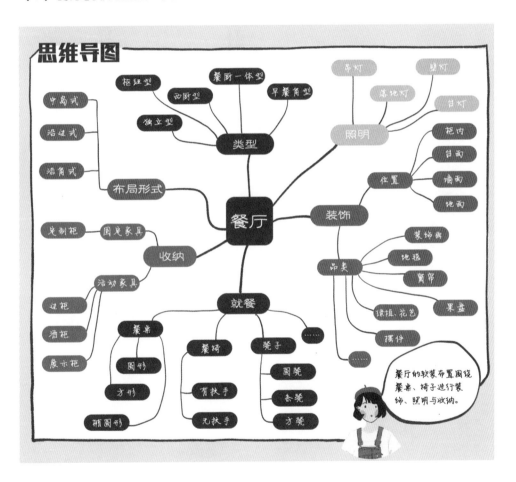

（2）餐厅的软装品类

　　餐厅软装元素的构成较为简单，主要是围绕餐桌椅进行装饰、照明以及物品的布置与收纳的。下面按照常用的餐桌类、椅类、柜类等进行示意。

（3）餐厅的类型与需求

餐厅的软装搭配要考虑软装元素的特性、空间的大小与类型。比如餐桌形状的选择包括圆形、椭圆形、长方形等，其中圆形餐桌适合小空间或方形空间；椭圆形、长方形餐桌适合较大或狭长的空间，可以比同样大小的圆形餐桌容纳更多食客；可伸缩餐桌则适合家中常有客人的餐厅。可以结合空间的大小和类型进行筛选，确定合适的餐桌形状。

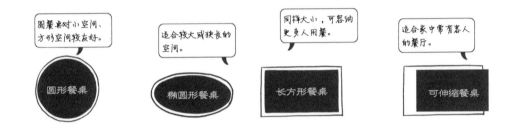

① 餐厅常见的 5 种类型

从各个家居空间的关系来看，餐厅可以分为独立型餐厅、枢纽型餐厅，还可以与厨房结合，形成西厨型、餐厨一体型或早餐角型餐厅。后 3 种类型在搭配时需要一体化考虑餐厨空间。

独立型餐厅：有确定的空间范围，静谧独立。

枢纽型餐厅：需要留有足够的流通空间，并处理好与周围空间的关系。

西厨型餐厅：西厨的中岛直接连接餐桌，在中岛台上可洗切蔬果，便于和家人互动。

餐厨一体型餐厅：将餐厅纳入厨房，可以让其他空间显得更加干净，但只适用于油烟较少的厨房，不然会影响就餐环境。

早餐角型餐厅：小巧方便，是正餐区之外的简易就餐区，也可以作为小户型的主要就餐区。一般位于厨房与其他空间的交界处。

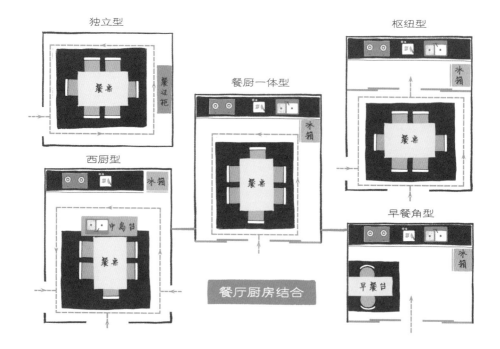

②餐厅家具常见的 3 种组合形式

按摆放位置分类，餐厅家具有 3 种常见的组合形式，包括中岛式、沿边式、沿角式。

中岛式：家具居中摆放，适合独立型餐厅，格局为贯通型，就餐的形式感较强。留出走道后，家具尺寸足够使用即可。

沿边式：如果空间不足或为了避开走道，可以将餐桌靠着一面墙沿边布置。这种方式虽然能够节省空间，但需要考虑吊顶和照明的形式，要做到上下统一。

沿角式：空间不足时的另一种摆法，利用房间中两面完整的墙或较长墙面的夹角打造卡座。这种形式比较有安全感，还可增加收纳容量，并提升舒适感。

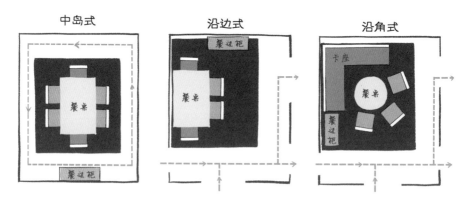

如果认为上述几种组合形式有些单一，还可以通过变换餐椅的方式调整餐厅的灵活度。以比较常见的 6 人位长方形餐桌为例，可以选用 6 把完全相同的餐椅，也可以改变椅子的款式和色彩，在此基础上用不同的家具演变出更多适合自己家的组合。

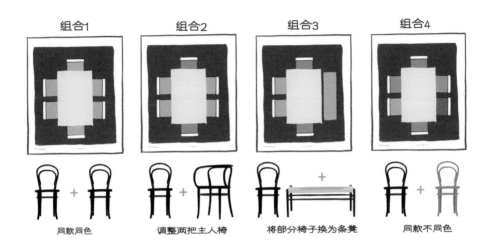

（4）餐厅的软装搭配实践

下面以一个沿角式小餐厅为例进行演示。

步骤 1：列"菜单"，定需求。 根据餐厅的实际情况和需求列出软装"菜单"。

步骤 2：主配角式搭配法。 用软装"菜单"和目标房间的效果、色彩、风格作为筛选条件进行选择。由于提前选了一幅装饰画，因此此餐厅的搭配顺序与前面其他空间相比有所变化，先从画中提取相关色彩，再对餐厅进行整体搭配。考虑到空间面积及餐厅形状，选配一张灰白色的圆形餐桌。为了增大收纳容量，没有采用桌子加椅子的常规组合，而是采用下抽屉、上座椅的定制卡座和两把带扶手的布艺椅作为空间主角，以此确定餐厅基调。下面安排配角，选用了灰色圆形吊灯和绿色窗帘。最后补全群演，包括 4 个抱枕和一组插花。

餐厅软装"菜单"		
餐厅类型	摆放位置	选配软装物品
独立型	中岛式	圆餐桌、方餐桌、椭圆形餐桌、无扶手餐椅、有扶手餐椅、条凳、层叠凳、餐边柜、绿植花艺、吊灯、台灯、装饰画、摆件……
枢纽型		
西厨型	沿边式	
餐厨一体型	沿角式	
早餐角型		

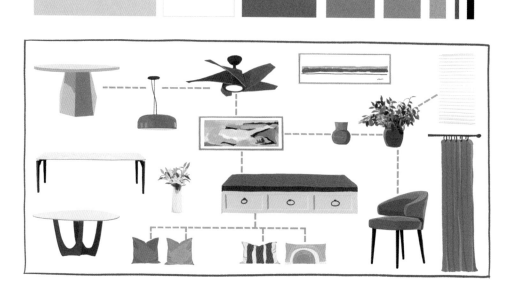

　　步骤3：细节调整法。在搭配的过程中进行3处调整。第一处是从功能考虑，卡座后面的布艺窗帘并不实用，可更换成窗内的百叶帘或其他替代品如罗马帘，便于调节阳光，使用时也不会被压到。但更换窗帘后出现了连锁反应，因为原先左侧窗帘的绿色可以平衡色彩线，现在绿色出现在装饰画、抱枕和椅子上，色彩线偏右。因此，第二处调整了4个抱枕的位置，让软装元素的色彩既呼应又平衡。最后一处是将吊灯改为电扇灯，既能让空间凉爽，又省电，而且木色与坐垫的色彩相近，彼此有呼应。

1.将拉帘改为百叶帘，好调光，并且不会在就餐时被压到
2.调换左右两侧抱枕的位置，让装饰画、抱枕、餐椅上绿色的色彩线更加饱足
3.将吊灯改为电扇灯，节能又好用

7. 厨房的软装搭配

厨房是家中烟火气比较重的地方，其中包含很多用于烹饪的家用电器、工具等（有的家庭还会摆放菜谱）。一个使用方便的厨房，需要有整洁的空间、方便拿取的工具、恰到好处的装饰等。

（1）厨房的软装思维导图

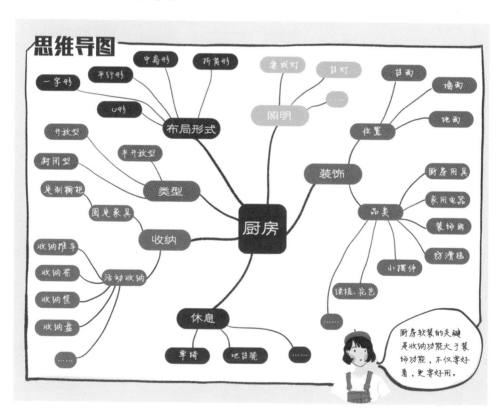

（2）厨房的软装品类

厨房空间软装元素的构成和前面几类空间都不同，它不仅缺失软装主角（因为大的家具往往是定制的固定橱柜），还缺失部分配角，比如各类活动家具、好看的灯具等。事实上，厨房软装物品在选配时更注重实用性，在此基础上兼具美观性。这里按照厨具、餐具、电器、绿植等进行示意。

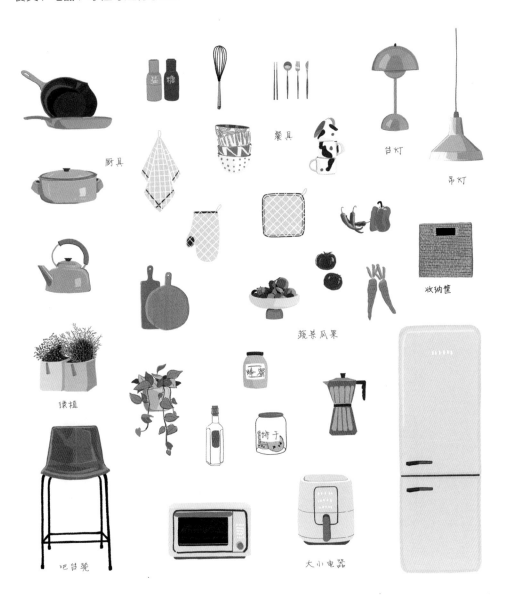

厨具

餐具

台灯

吊灯

收纳筐

蔬菜瓜果

绿植

吧台凳

大小电器

（3）厨房的布局与软装特点

从烹饪方式和燃气使用安全等方面考虑，封闭式厨房优于开放式厨房，而采用集成吊顶的灯加操作台面上的任务照明，则优于吊灯加台灯的组合形式。除了兼具用餐功能的餐厨一体式厨房，其他类型厨房的主要功能都是烹饪，空间中占比较大的不是软装物品，而是围绕烹饪进行设计的用于收纳厨具、餐具、各类电器的橱柜。这个空间的特点是硬装大于软装、收纳大于装饰，先做到功能上方便使用，然后才是美观上的需求。

① 厨房常见的布局方式

一个方便使用的厨房，不仅要按照自家厨房用品的特性进行收纳、配置适合操作的照明灯具，还需要调整操作区的布局。布局形式基本围绕橱柜展开，常见的有一字形、平行形、折角形和 U 形布局。如果厨房的面积足够大，还可以考虑中岛形布局，但中岛一般不会单独使用，需要和上述 4 种形式组合使用。

接下来安排厨房的重要操作区域：储存区、清洗区、烹饪区。可以把它们连起来，形成厨房动线的黄金三角形。三边之和最好在 4 ~ 8 m 之间，这样不管是顺时针还是逆时针，都可以保证各个路线畅通无阻，使厨房使用起来效率更高、更省力。

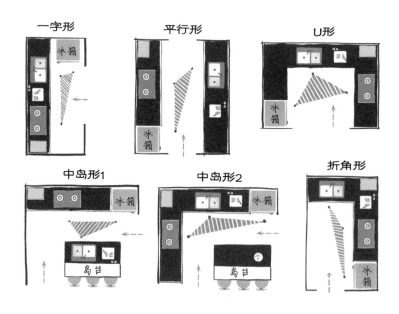

② 厨房的软装特点

厨房的软装特点在于特殊的软硬装比例、特殊的软装角色以及特殊的软装元素。

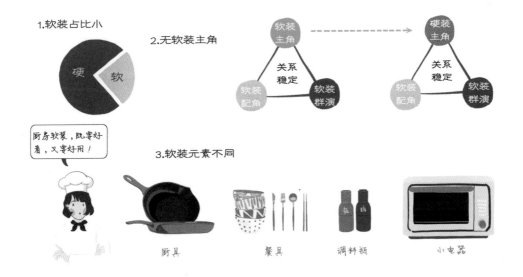

特殊的软硬装比例：厨房的硬装、软装比例基本是 8：2，硬装包括墙面、吊顶和地面，主角是整体定制的橱柜。软装围绕并配合空间中的橱柜进行装饰，不能过多，要考虑传统厨房煎、炸、烹、煮等料理方式会带来的油烟问题。

特殊的软装角色：在非餐厨一体式厨房里没有软装主角，此时硬装中的定制橱柜成为主角，橱柜柜体的造型和色彩决定了整体的基调，配角和群演要与之配合。很多时候，甚至连作为配角的小家具也没有，集成吊顶的嵌入式灯具代替了造型美观的吊灯、壁灯、台灯，空间中只有用于装饰的群演。

特殊的软装元素：一般选择既美观又实用的装饰品，比如果盘、砧板、收纳篮、调料罐、菜谱（或书、平板）架、电器等，还可以选择适合厨房的绿植，以增加空间生机。

（4）厨房的软装搭配实践

下面以一个封闭式一字形厨房为例，进行搭配演示。

步骤 1：列"菜单"，定需求。 根据厨房的实际情况和需求列出软装"菜单"。

步骤 2：主配角式搭配法。 厨房缺失软装主角，我们可以把硬装的橱柜当作主角，围绕它来搭配软装。挑选群演时，可以把硬装期间已经选定的电器柜、上柜和下柜、五金、嵌入式电器面板的材质与色彩作为筛选条件，筛选时注意不能只顾美观，更要关注方便实用，然后根据需求选择案板、炖锅、调料瓶、小电器等。

厨房软装"菜单"		
厨房类型	布局形式	选配软装物品
封闭型	一字形	橱柜上下柜、电器柜、五金、嵌入式电器……
	平行形	
开放型	折角形	各种厨具、餐具、用具、装饰画、装饰摆件、小电器、台灯……
	U形	
半开放型	中岛形	

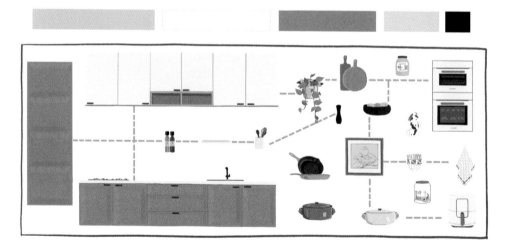

步骤 3：细节调整法。 在搭配的过程中进行调整，发现软装元素虽然够实用，但缺乏美观度。因此在上柜的小格子中摆放一盆绿植，为台面增加层次感，并为空间增添生机。台面上添加一幅水果素描画和一个收纳盆，并改变炖锅的色彩，以呼应其他电器的色彩。现在再环顾一下，可以感受到整体色彩比例协调，搭配完成。

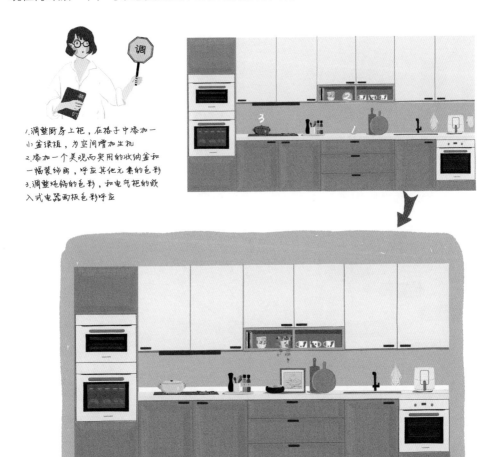

1.调整厨房上柜，在格子中添加一小盆绿植，为空间增加生机
2.添加一个美观而实用的收纳盆和一幅装饰画，呼应其他元素的色彩
3.调整炖锅的色彩，和电气柜的嵌入式电器面板色彩呼应

8. 卫生间的软装搭配

卫生间是家中十分特别的空间，虽然小，但容易给人安全感，其自带的"勿扰"属性甚至比卧室还要高，因此可以把它当作一个放松区。不过卫生间容易有潮湿的问题，而且功能、管线、洁具位置固定，可发挥余地不大，需要找到合适的区域进行合理装饰。

卧室　　　　　　　　卫生间

（1）卫生间的软装思维导图

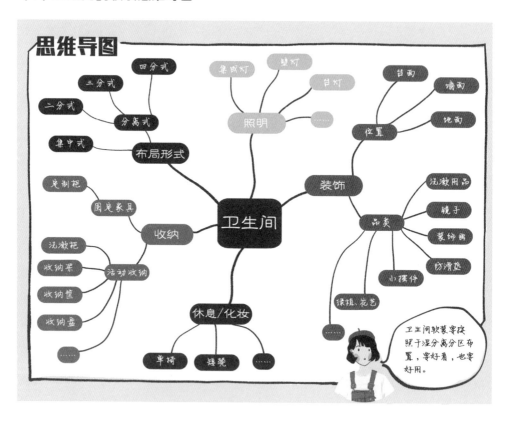

（2）卫生间的软装品类

卫生间和厨房具有一定的相似性，即空间不大、功能单一。它对软装元素的要求是兼具美观性与实用性，但因为湿度较大，所以使用的装饰品需要注意"三防"，即防潮、防霉、防锈。下面按照洗漱柜、置物椅，以及洗护用品、化妆用品、梳洗用具等进行示意。

（3）卫生间的布局与软装特点

从卫生间的主要功能、潮湿特性以及空间尺寸的局限性等方面来看，软装在空间中占比不会太大。可围绕主要需求进行布置，比如布置洁具、收纳用品、定制柜等，在其间辅以一定的软装。和厨房的软装思路相同，卫生间也是硬装大于软装、收纳大于装饰，要做到兼顾实用性与美观性。

① 卫生间常见的布局方式

按卫生间的主要需求及使用频率，可以将它分为 3 个区域，即洗漱区、如厕区、洗浴区，各区典型的主要元素包括洗漱台、坐便器、淋浴（浴缸）等。以前大多采用的是将 3 个区域合并在一起的集中式布局，不利于收纳、储藏、清洁及多人使用，而现在干湿分离的分离式卫生间可以规避上述问题。分离式卫生间包含二分式、三分式和四分式，其中四分式需要更多隔断，占用面积较大，且需要移动管线，对大多数户型来说并不适用。不过，无论采用哪种布局方式，都需要考虑空间尺寸、管线位置、使用频率及个人喜好。

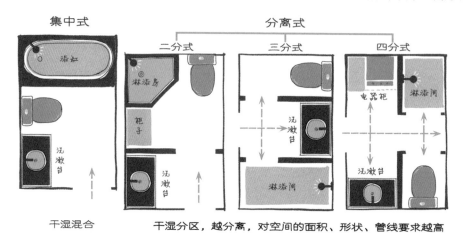

② 卫生间的软装特点

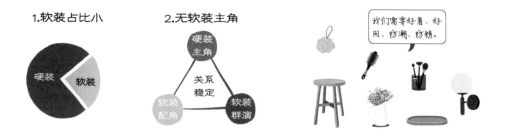

　　卫生间的软装特点是，软装主角被硬装中的定制柜替代，只剩下软装配角和群演。前期硬装中的墙面和地面铺贴以及大面积的定制柜体为空间风格定下基调，后期软装在色彩和造型上都要做好配合。软装元素需要兼具实用性与美观性，同时要考虑防潮、防锈。一般来说，分离式卫生间的干区较为干燥，此处软装有一定的发挥空间，比如常用的灯具可以选择较为美观的，吊灯、壁灯、台灯都可以。

（4）卫生间的软装搭配实践

　　下面以一个常见的二分式卫生间的干区进行搭配演示。

　　步骤1：列"菜单"，定需求。根据卫生间的实际情况和需求列出软装"菜单"。

　　步骤2：主配角式搭配法。卫生间缺失软装主角，这里将硬装的洗漱柜作为空间的主角。在硬装阶段选择了一款加长洗漱柜，含木色柜体、白色石英台面、黑色水龙头和台下盆几部分，加长台面可留出一个化妆台的位置，有柜脚的款式则让空间显得更大。将整个柜子作为筛选条件，挑选配角和群演。配角选用一款棕色有收纳功能的化妆凳、一面有黑色边框的长方形智能镜、一株增加空间生气的鹤望兰。台面上用来摆放常用的洗护化妆用品，其余则收纳进抽屉中。

卫生间软装"菜单"		
卫生间类型		选配软装物品
集中式		洗漱柜、镜子、置物椅、置物凳、花艺、单椅、装饰画、化妆凳、绿植、毛巾架、收纳筐、相框、香薰、台灯……
分离式	二分式	
	三分式	
	四分式	

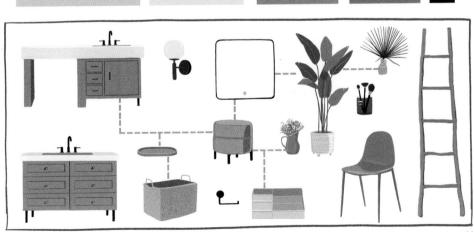

步骤 3：**细节调整法。**在搭配的过程中进行调整，将与柜子色彩相同的化妆凳更换成灰色同款。调整台面收纳方式，将常用的化妆用品集中摆放在收纳盒内，方便又整洁。台面上的绿植较为尖锐，容易对人造成伤害，换成花朵显得更加温柔，同时花瓶还可呼应空间中的绿色。在毛巾架下的空位处摆放一个收纳筐，用于收纳脏衣服，也便于送至洗衣机处。最后环视一下整体，现在的空间构图平衡、色彩协调、色彩线稳定，调整完成。

1.将化妆凳的色彩改为灰色，拉开与洗漱柜的色彩差。
2.将洗护、化妆用品摆放在收纳盒中。
3.在毛巾架下的空位处增加收纳筐，便于收纳脏衣服。
4.将桌面上的绿植改为插花，花瓶色彩呼应植物与布艺的色彩。

第五章

软装中的
借鉴与借力

- 从影视剧中借鉴学习
- 从软装元素中借力提升
- 从设计案例中模仿

如果想搭配出不错的家居软装效果，前面介绍的基础搭配方法已经够用，但如果想在基础美之上增添更多内涵，那么还需要学习与借鉴。灵感和创意不是凭空产生的，因此可以学习借鉴各类设计作品或其他艺术形式，比如电影、音乐、诗歌、绘画、舞蹈等。

好的设计不仅要有灵感，还需要能够落地。此时可以通过借鉴和借力的方式，借用其他领域设计的力量，达到让各种软装元素落到实处的目的。下面将从不同方面讲解借鉴和借力的方法。

第一节　从影视剧中借鉴学习

在影视剧中，无论是复原的古代场景，还是设想的科幻场景，都可以给我们很多启示，我们可以从中学习配色、风格、流行的家具款式和家具饰品的陈设方法等。

下面根据可以借力的方向，罗列了一张影视剧与导演的表单，并配搭了影片中可以借鉴的设计内容。

可以从影视剧与导演身上得到软装设计方向的启发			
影视剧	风格	影视剧	家居陈设
《广告狂人》	中古风格	《实习生》	装饰画的摆放技巧
《返老还童》	美式风格	《困在时间里的父亲》	居室摆设与人物性格
《了不起的盖茨比》	艺术装饰风格	《布达佩斯大饭店》	构图方法与配色
《知否知否应是绿肥红瘦》	中式风格	《致命女人》	家居陈设与人物性格
《寻访千利休》	侘寂风格	《最佳出价》	艺术品
《妈妈咪呀》	地中海风格	导演	家居陈设
《朱莉与茱莉娅》	法式风格	张艺谋	色彩与构图
《美食、祈祷和恋爱》	东南亚风格	韦斯·安德森	色彩与构图
《唐顿庄园》《小妇人》	英式风格	南希·迈耶斯	家居布置氛围营造
《海街日记》	日式风格	克里斯托弗·诺兰	想象力与科幻效果

装饰如此神奇

看最老的实习生为总裁指点迷津

实习生

9月

最佳的室内挂画参考范本

最会做室内设计的好导演

第二节　从软装元素中借力提升

软装设计中有一种手法是借力，即借助特定的软装元素达到想要的效果。所借的力一方面来自软装元素自身的功能，利用这些功能为空间带来好的变化；另一方面则来自软装元素的附加价值，借助其特性达到提升空间品质的目的。

1. 借经典款之力，提取家具、灯具、装饰品中的设计感

从很多家居图中，我们可以看到一些同款家具单品会多次出现在不同的家中，其中大多是经典款。这些经典款不但凝结了设计师的设计精髓，而且经过了长时间的检验。我们希望家不仅方便实用，还要美观。前者相对容易做到，而后者就需要有一定的审美能力才行，但这是短时间内不易提升的。此时就可以选用经典款，只要一两件就可以体现出设计感。

2. 借软装物品之力，为家带来不同感受

软装物品本身具有的色彩、材质、形状等属性的不同会为家带来不同的感受。比如，可以通过更换软装让房间顺应外界的季节变化、焕然一新以及在视觉上变大，这些都可以在不改动硬装的情况下进行。下面从让房间顺应季节变化和在视觉上变大两方面介绍一些方法。

（1）让房间顺应季节变化

更新相框里的照片、增加一两件摆件或植物、调整家具位置等，都能给房间带来新鲜感。还可以在家居软装设计之初选购经典款、中性色的基础家具，比如沙发、床等，同时准备两套不同色系的软装布艺（包括窗帘、抱枕、床品等），一套色彩清爽的用于春夏季节，另一套色彩温暖的用于秋冬季节，让同一套基础家具可以带给人两种视觉感受。

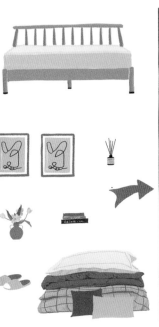

春夏款软装

（2）让房间在视觉上变大

无论空间大小，人们都希望房间可以显得更大。此时我们可以借助软装让房间在视觉上变得更大、更舒适。

色彩走向：避免使用对冲型配色，可选用柔和型、明朗型的家居色彩走向。

色彩选用：可以使用后退色，利用色彩心理属性中的后退感扩大空间。

图案大小：避免使用大图案，尽量选用小图案。大图案带有前进感和膨胀感，会让空间显小。

家具造型：尽量选择造型简洁、没有繁复装饰线条的家具。

空间扩展：常用元素是镜子，不仅可以让房间在视觉上增大，还可以通过光的反射让房间更加明亮。注意家中的收纳要处理得当，因为杂乱的物品反射在镜子中会不够美观。

布艺选配：选配布艺时，尽量选择浅色、质感轻盈的布料，避开深色且厚重的布料。

组合形式：使用正确的组合形式，比如一字形、U形等，同样可以达到理想效果。在保证舒适度的同时，无扶手、中低靠背的家具会让空间显得更大。

如果你家正好相反，空间太大而显得有些空荡，可以结合具体情况进行反向搭配。

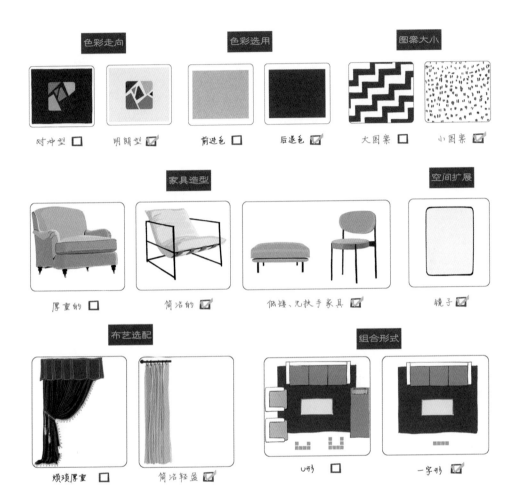

色彩走向

对冲型 □　　明朗型 ☑

色彩选用

前进色 □　　后退色 ☑

图案大小

大图案 □　　小图案 ☑

家具造型

厚重的 □　　简洁的 ☑　　低矮、无扶手家具 ☑

空间扩展

镜子 ☑

布艺选配

烦琐厚重 □　　简洁轻盈 ☑

组合形式

U形 □　　一字形 ☑

第三节 从设计案例中模仿

在装饰家的过程中，可以模仿自己喜欢的案例或喜欢的设计师的作品。每个设计都有其底层逻辑和思维模型，因此不能完全照搬，而是要思考、吸收、模仿、创新。下面从锚定、拆解、组合3个方面介绍模仿的技巧。

1. 锚定设计师或案例

锚定一位自己喜欢且适合自家风格的设计师的多个设计作品，或者一位家居博主的家，又或者一套特别喜欢的房间设计图。

每位设计师都有自己擅长的领域，一段时间内呈现出的多个作品都有其自身的特点和风格，可以较容易地从中找出规律。每位家居博主的家也都非常有特色，可以清晰地找到其中的规律。但如果是多位设计师或多位博主的家居作品，要从中找出规律和共性则比较困难，后续的拆解和组合也会有难度。下面以较容易模仿的美国知名软装设计师艾米莉·汉德森（Emily Henderson）的作品为例，介绍拆解和组合这两种方法。

2. 拆解设计找到关键词

艾米莉·汉德森是一位非科班出身的设计师，在兴趣的驱使下开始改造自己的家，从而踏上了设计之路。她的设计作品有较高的辨识度，比如清爽、舒适、有设计感，但看不出具体的设计风格，属于当下流行的无风格设计。她的设计手法大多是从设计实践中总结出来的，因此比较适合大众，同时她也擅长用平价的软装物品打造出高级感。下面开始拆解她的设计，以便进一步模仿。

（1）拆解色彩

在拆解过程中可以看出，艾米莉钟爱使用白墙。在白底上做加法，可以降低后期的软装搭配难度。原木色和中性色是她常用的色彩，原木色可以营造出舒适的自然感，常用在地板、家具、摆件上。中性色以黑色、白色、灰色及大地色系为主，这些颜色没有明显的性别倾向，在设计中可起到展示经典与突显时尚的作用。其中灰色可以用在地毯上；黑色不会大面积使用，常用在窗框、大家具的脚部、小家具的局部，以及各种摆件上。蓝色也是她常用的颜色，而且还会使用不同的蓝色，这属于设计师的个人喜好。蓝色的使用作为她的个人特色，被称为"艾米莉蓝"。

在对艾米莉的常用色彩进行拆解后，得到了她用色的 4 个关键词：白墙、原木色、中性色、艾米莉蓝。

（2）拆解元素

在拆解过程中可以看出，她常用两种风格的家具：一种是剔除复杂雕花的简化版美式风格家具，另一种是北欧风格家具。两种家具的共性是包裹性较好，能给人较强的温暖感和舒适感。为了体现艺术感，她还经常会使用经典图案，比如黑白格子、条纹等。

在选择家具时，材质首选木质与布艺，其次是藤制。沙发材质则多以布艺为主，较少使用皮质。在选择灯具时，一般选用简洁的几何造型，而不是繁复传统的欧美枝形吊灯，材质多为黑色或金色的金属，有时也会按需使用少量藤编灯。

艾米莉使用的家居花艺、绿植与装饰品也很有特色。她在室内使用的植物大多偏中性，花以白色、淡粉色为主，而不是艳丽、复杂的品种，植物偏北欧风格，装饰画则以价格不贵但富有艺术感的印刷品为主。

将艾米莉在设计中常用的软装元素拆解后，得到了她选配软装元素的 3 个关键词：艺术感、包裹性、简洁造型。

3. 组合重建新的家

经过前面的拆解，总共得到 7 个关键词：白墙、原木色、中性色、艾米莉蓝、艺术感、包裹性、简洁造型。下一步按照关键词筛选软装元素进行组合。

将艾米莉风格的软装元素拼贴在一起，再配上大白墙和木地板，就完成了一大半的家居"仿抄"

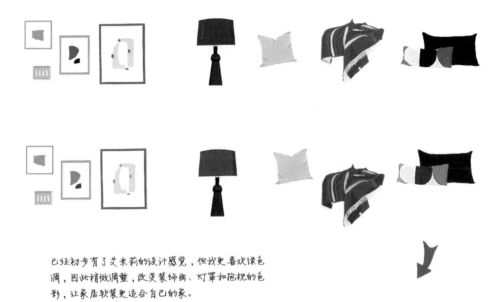

已经初步有了艾米莉的设计感觉，但我更喜欢绿色调，因此稍做调整，改变装饰画、灯罩和抱枕的色彩，让家居软装更适合自己的家。

附录 家居设计参考尺寸

（注：图中尺寸单位均为厘米）

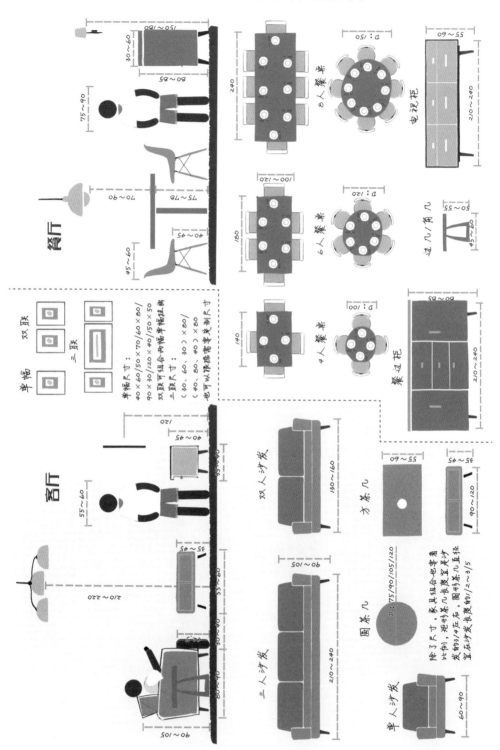

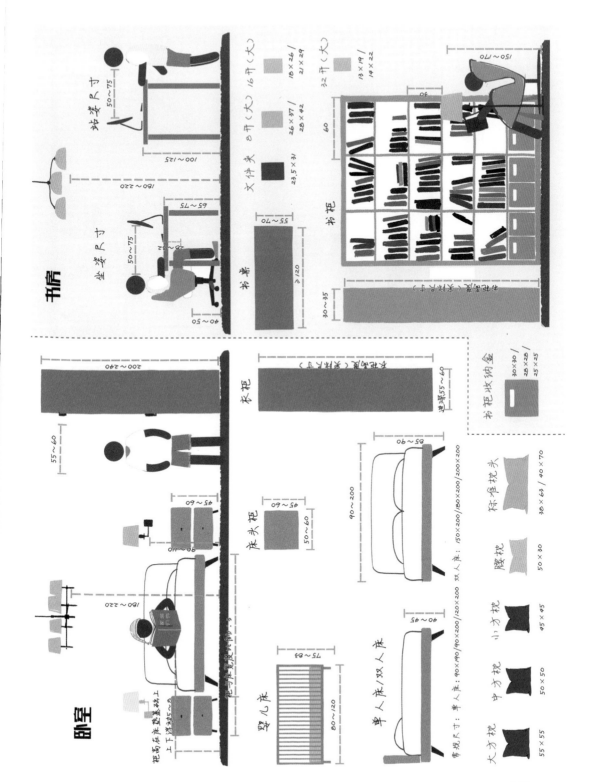

书房

坐姿尺寸
站姿尺寸

书桌
书柜
书柜收纳盒

文件夹（大）8开（大）16开（大）
23.5×31 / 26×37 / 18×26 /
28×42 / 21×29

32开（大）
13×19 /
14×22

卧室

衣柜
床头柜
婴儿床
单人床/双人床

标准枕头
腰枕
小方枕
中方枕
大方枕

常规尺寸：单人床：90×190 / 90×200 / 120×200 / 120×200 双人床：150×200 / 180×200 / 200×200

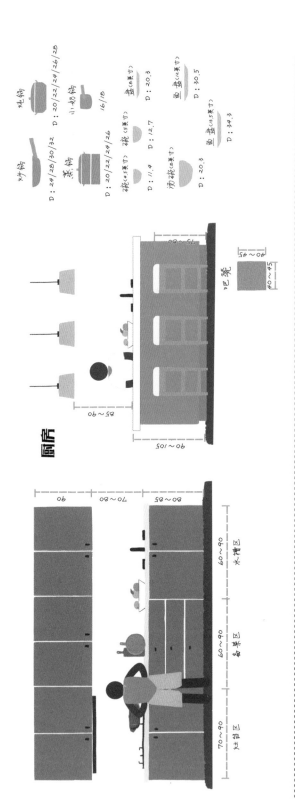

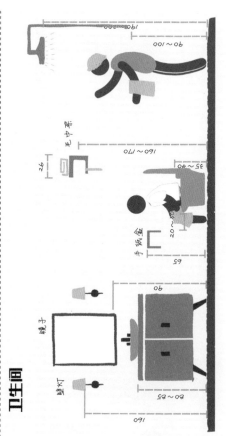

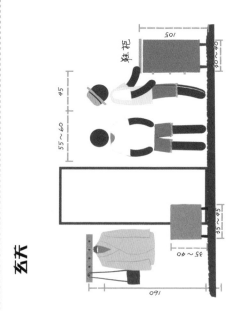